浙江省重点培育智库——浙江农林大学浙江省乡村振兴研究院成果
国家自然科学基金项目（项目编号：71173095）成果

70年来中国林业政策变迁与政策绩效评价：

1949—2019年

孔凡斌　潘　丹　著

中国农业出版社

北　京

前　　言

　　林业政策是国家为保护森林资源，发展林业生产而制定的行动规范和准则。林业政策是国家经济政策的组成部分，是党和政府在林业方面的施政目标。森林权属政策、森林保护与经营政策、林业产业发展政策、林业经济扶持政策等构成了中国林业政策的主要内容。

　　新中国成立以来，党和政府在国家发展的不同历史时期以重要文件明确林业在国民经济和社会发展以及生态文明建设中的基础作用和重要地位。1981 年 3 月，中共中央、国务院发布《关于保护森林发展林业若干问题的决定》，明确指出"林业是国民经济的重要组成部分，发达的林业是国家富足、民族繁荣、社会文明的标志之一"，开启了中国林业改革发展新阶段。2003 年 6 月，中共中央、国务院发布《关于加快林业发展的决定》，明确林业在生态建设中的首要地位。2017 年 10 月，党的十九大报告将建设生态文明提升为"千年大计"，开辟了中国林业生态文明建设与现代化发展的新时代。在这些重要文件精神的指导下，党和政府先后出台了一系列涉林规范性文件，建立了比较完善的中国林业政策法律文本体系和制度规范。

　　中国林业政策是党和国家为实现一定林业改革和发展目标任务而确定的行动指导原则与准则，中国林业法律法规是国家制定或认可并由国家强制力保证实施的具有普遍效力的林业行为规范体系。在政治决策与国家治理实践中，林业政策对林业法律法规的创制具有实际的指导作用，中国林业政策是中国林业法律法规的制定依据。中国林业政策及其发展变化集中反映在了中共中央、国务院及其相关部门发布的相关规范性文件和国家颁布的相关法律法规的发展变化过程之中，考察中国林业政策变迁与政策绩效必须以考察中国林业政策文件和相关法律法规文本体系及其制度性规范内容的发展规律及其实施绩效为条件。

　　加快构建适应生态文明建设要求的中国林业政策支持体系和法律法规体系，为中国林业现代化建设提供更好的制度保障，已成为推动新时代中国林业体制改革创新的首要任务。1949 年以来，中国林业政策法律法规体系与规范经历了持续的发展和变迁，反映着不同历史时期党和政府对林业发展政策的理念、目标、重点和工具等特征及其发展变化规律，推动着中国林业改革和发展的历史进程，塑造了新中国林业建设健康快速发展的崭新面貌。当前，系统总结 1949 年以来中国林业政策法律法规变迁特征及其发展规律，系统评价新中国成立 70 年中国林业改革发展取得的伟大成就，客观分析不同历史时期影响中国林业政策实施绩效的主要因素，提出完善对策建议，为新时代中国林业改革创新提供决策参考，具有十分重要的意义。

学界对中国林业政策的变迁特征及发展变化规律的相关研究包括对中国林业政策发展历程的系统梳理与分析，对国外林业政策成功经验及其对中国林业政策的启示分析，以及中国林业政策绩效评价和政策方法论的研究等方面。对中国林业政策变迁绩效的评价研究则注重政策文献的定性解读、经验分析和理论探讨，林业政策变迁绩效研究关注重点在集体林权制度改革、林业扶贫、退耕还林等林业生态建设工程等较为具体的政策层面，尚鲜有文献对自 1949 年新中国成立 70 年以来中国林业政策变迁及其林业发展绩效进行系统的综合量化评价。整体上看，已有的关于林业政策研究尚缺乏对中国林业政策法律法规的系统性定量与绩效的实证研究，还难以全面揭示中国林业政策演进的特征、规律及其绩效变化的内在逻辑。

本书系统归纳总结 1949—2019 年中国林业建设历程与林业发展战略调整的背景、过程及其重大历史和现实意义，从林业产权政策、林业投资政策、森林保护政策、林业产业政策等影响中国林业改革和发展进程的关键政策入手，分析这些政策的主要内容、变迁过程及其政策绩效，在此基础上，将党和政府制定和实施的涉林规范性政策法律法规文件文本纳入广义林业政策研究的内容框架，以 1949 年以来中共中央、国务院及其相关部门和国家立法机关颁布实施的主要涉林规范性文件文本为研究对象，将这些文件文本及其内容统一定义为中国林业政策文件体系与政策内容，构建多维度政策特征分析框架，运用统计分析、政策文献计量等研究方法，量化分析和系统梳理中国林业政策的变迁特征、发展规律及政策实施绩效。

全书分为七章，各章的主要内容如下：

第一章为1949—2019年中国林业建设历程与林业发展战略调整及其绩效评价。归纳总结1949—2019年中国林业建设历程、林业发展战略调整及阶段变化特征，评价中国林业发展战略实施绩效。

第二章为1949—2019年中国林业产权政策变迁及其绩效评价。阐述中国林权与林权制度理论，归纳1949—2019年中国林业产权制度及其主要内容，分析中国林权制度变迁过程、阶段特征及其动因，评价中国林业产权制度变迁绩效。

第三章为1949—2019年中国林业投资与经济扶持政策变迁及其绩效评价。归纳1949—2019年中国林业投资与经济扶持政策及主要内容，阐述中国林业财政投资、信贷扶持政策机制变迁过程及阶段特征，总结中国林业利用外资政策变迁过程及阶段特征，分析中国林业投资规模与结构变迁及特征，评价中国林业投资政策促进造林规模与林业经济增长绩效。

第四章为1949—2019年中国森林保护与采伐管理政策变迁及其绩效评价。归纳中国森林保护政策体系及其主要内容，总结中国森林保护与森林采伐管理政策及主要内容，分析中国森林采伐管理政策变迁过程及阶段特征，评价中国森林保护与采伐管理政策绩效。

第五章为1949—2019年中国林业产业发展政策变迁及其绩效评价。归纳中国林业产业政策体系及其主要内容，总结中国林业产业发展政策变迁过程及阶段特征，评价中国林业产业发展政策促进林业产业发展绩效。

第六章为1949—2019年中国林业政策变迁的整体特征及其规律的量化分析。以1949年以来中共中央、国务院及其相关部门和国家立法机关颁布实施的283个涉林规范性文件文本暨林业政策文件为研究对象，从文本发布数量、作用对象、发布部门、发布形式、政策工具以及政策效力六个维度构建特征分析框架，运用政策文献计量和内容分析方法分析中国林业政策的变迁特征及其发展规律。

第七章为1949—2019年中国林业政策整体绩效及其时空演化规律研究。利用中国林业政策效力和林业发展指数，基于中国31个省（区、市）的相关统计数据，运用经济计量与空间计量分析模型，量化分析林业政策变迁与林业发展效应之间的相互关系，明确林业政策变化影响林业发展水平的绩效程度、方向、时空演化规律及其关键驱动因素。

本书是浙江省重点培育智库——浙江农林大学浙江省乡村振兴研究院的重要成果之一，出版得到了研究院的支持和帮助，参加本书创作工作的还有江西财经大学经济学院硕士研究生陈寰、陆雨、杨佳庆、何咪咪和洪玮等同学，在此一并深表感谢！

本书可供高等学校和科研院所农林经济管理学以及相关专业的研究生和相关研究人员阅读参考，也可以作为林业、农业农村和生态环境保护等政府管理部门工作人员的参考用书。

本书在集合著者自身研究成果的基础上，充分吸收了国内外专家学者的研究成果，我们力求在注释和参考文献中全部注明，若有遗漏之处，敬请谅解！由于作者学识所限，书中难免有错误疏漏之处，真诚希望各位专家学者及使用本书的同行批评指正，相关意见建议可随时发至作者邮箱：kongfanbin@aliyun.com，以便我们进一步完善。

著者：孔凡斌　潘　丹

2020 年 4 月

目　　录

第一章 1949—2019 年中国林业建设历程与林业发展战略调整及其绩效评价

新中国成立 70 年来，我国林业事业走过了极不平凡的发展历程，走出了一条具有中国特色的林业发展道路，为国家走上生产发展、生活富裕、生态良好的文明发展之路奠定了坚实基础。在中国共产党领导下，中国林业建设进入了波澜壮阔与曲折前行的历史新时期，中国林业事业谱写了恢复、建设、发展和改革的历史新篇章，中国林业发展战略经历了由单一木材产品生产向林业生态建设发展的历史性重大转变和优化调整，有力地推动了中国林业改革和发展，中国林业在国民经济和社会发展以及生态文明建设中的地位和作用得到不断巩固和提升，中国林业为国家经济建设和生态安全提供了坚实保障。

一、1949—2019 年中国林业建设历程及阶段特征

1949 年新中国成立，开创了中国历史新纪元。林业作为新中国国民经济建设重要组成部分，也进入了恢复、建设、发展和改革的历史新阶段。回顾中国林业走过的 70 年历程，虽然几经曲折，但发展是主流，虽然有失误，但成绩是主要的。中国林业建设 70 年，是奋力探索的 70 年，是改革发展的 70 年。

1. 奠定林业建设基础阶段（1949—1956 年）（国家林业局，1999）

我国幅员辽阔，历史上森林面积广大，但由于长期的开垦、战乱、火灾破坏和乱砍滥伐，到中华人民共和国成立之前，中国已成为一个贫林国家，全国森林面积仅有 8280 万公顷，宜林荒山 28959 万公顷，按国土面积 9.6 亿公顷计算，森林覆盖率仅为 8.6%。新中国的成立开创了中国历史的新纪元，林业作为新中国国民经济建设的重要组成部分，也步入了恢复建设发展的历史新阶

段。共和国成立初期面临的贫林状况、国民经济的恢复、建设急需木材是当时的林业政策制定和执行的最基本依据。1950 年 2 月，新中国成立刚刚 4 个月，第一次全国林业业务会议就在北京隆重召开，会议确定了"普遍护林，重点造林，合理采伐和合理利用"的林业建设总方针，为这一时期的林业建设指明了方向。1950 年政务院发布了《关于全国林业工作的指示》，就中国林业当时的方针和任务指出："我们当前林业工作的方针，应以普遍护林为主，严格禁止一切破坏森林的行为。在风沙水旱灾害严重的地区，只要有群众基础，并备种苗条件，应选择重点，发动群众，斟酌土壤气候各种情形，有计划地进行造林，并大量采种育苗以备来年造林之用。为着发展交通，需要枕木电杆，为着恢复建设，需用大批木材，应制订各森林区的合理的采伐计划，并推节约木材的社会运动。为便于编制造林及采伐计划，应对宜林荒山荒地及交通条件较好的天然林进行重点调查，并须及时培养干部，开办短期训练班，解决技术人员缺乏的困难。这都是目前林业工作的方针和任务。"1955 年，毛泽东主席发出"绿化祖国"的号召。1956 年 1 月，中央提出《一九五六年到一九六七年全国农业发展纲要（草案）》：从 1956 年开始，在 12 年内，绿化一切可能绿化的荒地、荒山。1949—1956 年，由于打破了旧的、落后的生产关系，党和政府为林业的恢复、发展和建设规定了一系列方针政策，社会生产力得到极大解放，农民植树造林的积极性高涨。这一时期，林业建设取得了很大的成就，大林区逐步开发利用，普遍护林，大力造林育林。但是，由于特定的历史阶段，当时中国在林业上亦深受苏联的影响。苏联实行的计划经济模式在林业上注重木材利用，与新中国成立初期我国需要大量木材的国情相符，这个时期的营林政策以苏联的营林政策为蓝本。在计划经济体制下，每年下达的林业目标和指标主要是每年要交给国家多少立方米木材，全面推行林业皆伐。林业工作者为了多交木材，大部分的力量都用在速生丰产林上。以木材生产为目标的林业政策对当时的林业建设和林业发展起了重要的指导作用，尽管新中国在 1950 年就制定了"普遍护林"的林业建设总方针，在国家建设需要大量木材的情况下加之受苏联林业政策的影响，木材生产成为政策执行的主要动力。新中国刚刚成立，没有建设经验，从营林、采伐方式直至林业行政管理政策都照搬苏联模式，一度全面推行皆伐，人工更新跟不上。高度集中的木材生产和统购统销政策在发挥积极作用的同时，一定程度上抑制了市场经济的萌生和木材价格的合理构成，投入短缺致使林区和企业的基础设施建设"先天不足"。

2. 林业发展与挫折阶段（1957—1976年）（国家林业局，1999）

1957年专业化林场蓬勃兴起，1958年"大跃进"和"人民公社化"在全国推开之后，新中国林业事业遭受第一次大的挫折，大量的天然林甚至原始林遭到掠夺性砍伐。1961年调整农村林业政策，及时发布《关于确定林权、保护山林和发展林业的若干政策规定（试行草案）》，1964年确定了以营林为基础的林业建设方针，林业建设方针政策的及时调整对各地林业建设起到了促进作用。然而，"文化大革命"期间林业工作受到严重冲击，偏离林业方针政策，规章制度被废弃，森林资源遭到程度更严重、持续时间更长的大破坏。

3. 新的历史发展阶段（1977—1992年）（国家林业局，1999）

"文化大革命"以后，通过"拨乱反正"和改革开放，中国林业建设获得了新的发展。尤其是在改革开放以后，党和政府十分重视林业，以邓小平同志为核心的第二代中央领导集体，在领导改革开放的同时，带领全国人民开展了一场规模浩大的生态建设运动。以"三北"防护林建设、天然林保护工程等为代表，我国林业建设取得了一系列重大成就。1978年，在邓小平同志的关怀下，恢复了林业部。1978年，中央启动"三北"防护林工程，囊括北京、天津、河北、山西、内蒙古、辽宁、吉林、黑龙江、陕西、甘肃、宁夏、青海、新疆13个省份。"三北"工程占我国陆地总面积42.4%，涉及我国东北、西北、华北地区13个省（区、市）的559个县（旗、市、区），是世界最大的植树造林工程。1979年11月，党中央、国务院决定在我国西北、华北北部、东北西部绵延4480千米的风沙线上，实施"三北"防护林体系建设工程，这项被邓小平同志称为"绿色长城"的生态建设工程，开创了我国生态工程建设的先河，也成为世界上最大的生态建设工程。1979年，五届全国人大六次会议通过了《森林法（试行）》，并决定3月12日为植树节。1981年，经邓小平同志倡导，五届全国人大四次会议通过了《关于开展全民义务植树运动的决议》。从此，从党和国家领导人到亿万民众年年履行植树义务，持续开展了中国历史上乃至人类历史上规模空前的植树造林运动。编制实施造林绿化规划，加快了造林绿化的步伐。随即在全国开展了"稳定山林权属、划定自留山和确定林业生产责任制"的林业"三定"工作。党的十二届三中全会后，进一步放宽了山区政策，林业发展形势有了新的好转，各种林业专业户和重点户快速发展。

4. 现代林业发展阶段（1993—2012 年）

1994 年，林业部以"增资源、增活力、增效益"为基础，确定建立林业两大体系目标。1998 年，党中央、国务院果断决定对天然林实行更严格的保护，在长江上游、黄河上中游地区全面停止天然林商业性采伐，在东北、内蒙古等重点国有林区大幅度调减木材产量，并率先在四川省等 12 个省（区、市）启动试点工作，拉开了保护天然林的序幕。2001 年，中共中央、国务院决定实施天然林资源保护、退耕还林、京津风沙源治理等国家林业重点工程。2003 年 6 月，中共中央、国务院发出《关于加快林业发展的决定》，明确提出林业的"三地位"。党的十七大作出建设生态文明的重大战略决策。2009 年 6 月 22 日至 23 日，中共中央、国务院召开中央林业工作会议，这是新中国成立以来首次以中央名义召开的林业工作会议，会议贯穿了加快林业改革发展的主线，突出了集体林权制度改革的任务，确立了新时期林业发展的"四地位"，即"在贯彻可持续发展战略中林业具有重要地位；在生态建设中林业具有首要地位；在西部大开发中林业具有基础地位，在应对气候变化中林业具有独特地位"。天然林资源保护工程（简称天保工程）的实施是中国林业发展指导思想和政策上的一次重大调整，不仅彻底颠覆了国有林区以采伐生产为主要任务的传统林业思想，而且在历史上第一次建立了林业公共财政投入保障机制。国家公共财政对林业建设和森林资源保护的长期支持，有效保护了国家天然林资源和森林生态系统安全，是中国生态建设史上具有里程碑意义的重大历史事件。

5. 林业现代化发展新阶段（2013—2019 年）

党的十八大以来，将生态文明建设纳入"五位一体"中国特色社会主义总体布局，以习近平生态文明思想为指导，我国林业围绕生态文明建设步入了新的历史阶段。以习近平同志为核心的党中央把生态文明建设作为统筹推进"五位一体"总体布局和协调推进"四个全面"战略布局的重要内容，全国天然林保护工作进一步加强。2015 年 3 月，由中共中央、国务院正式印发的《国有林区改革指导意见》和《国有林场改革方案》通篇贯穿了"绿水青山就是金山银山"和"人人都是生态文明建设者"的发展理念，标志着中国林业进入了全面深化改革的新阶段。2015 年 4 月 1 日，全面停止重点国有林区天然林商业性采伐，标志着我国重点国有林区从开发利用转入全面保护的发展新阶段。这一时期，中国林业进入全面发展的战略转型新阶段，林业现代化建设成为中国林业政策关注的焦点，生态需求已成为社会对林业的主导需求，国家工业化的实现为工业反哺林业，城市反哺林区积累了丰厚的物质基础，我国林业已经由满足木材生产需求向满足优美生态环境需求全面转变的发展新阶段。

二、1949—2019 年中国林业发展战略调整及阶段特征

林业发展战略是一国政府制定的关于林业建设与发展的具有全局性、长远性重大问题的谋划和指导，是指导该国林业长期发展的纲领性政策文件。林业发展战略是国家发展战略的重要组成部分。林业发展战略不仅关乎林业自身的建设、改革和发展，也关乎国家经济建设、社会建设和生态文明建设的可持续发展。新中国成立 70 年来，中国政府重视林业在国民经济和社会发展以及生态安全战略中的重要作用和突出地位，在国家发展的不同时期，以满足国家战略需求为导向，不断调整林业发展战略，使之适应国家资源、环境、经济、社会、科技、文化等领域的重大发展需求，中国林业发展战略先后经历了四个基本发展战略时期（国家林业局，1999）：第一个时期是从 20 世纪 50 年代开始的以满足国家木材需求为导向的森林工业发展战略时期；第二个时期是从 20 世纪 80 年代开始的以适应国家木材需求和生态建设需求并重的森林工业与营林产业协同发展战略时期；第三个时期是从 20 世纪 90 年代初开始的林业可持续发展战略时期；第四个时期是从 20 世纪 90 年代末开始的以满足国家生态安全需求为导向的林业生态建设发展战略时期。在中国林业发展战略的不同时期，中国林业政策的服务中心和政策重点也随之发生重大转变。

1. 以满足木材需求为导向的森林工业发展战略时期（1949—1977 年）

这一时期，中国林业政策的服务重点是木材生产，林业政策措施的主要目标是有利于开发利用天然林资源，大力发展人工速生丰产林和森林采运业。林业政策的显著特征是保证林业对工业的支持，支持和鼓励森工采运业，同时大规模营造人工用材林和经济林。1952 年 11 月召开的全国林业会议提出有计划地开发新林区，从 1954 年开始，对准备开发的东北、内蒙古、西南和西北国有天然林进行总体规划和勘察设计，随后开始大规模有计划地开发天然林区，中国的森林工业开始起步并得到快速发展。与此同时，大办专业化国营林场和社队林场，通过国营林场和集体林场这些组织方式高质量地扩大森林资源储备，力求满足国家对木材的需要。1961 年，东北、内蒙古国有林区实施育林

基金制度，实行专款专用。1964 年国家提出"以营林为基础，采育结合，造管并举，综合利用，多种经营"的林业建设指导思想。1966 年 5 月至 1976 年 10 月的"文化大革命"期间，国有林区集中过伐的现象十分普遍，导致采育严重失调。东北地区、内蒙古地区和西南地区国有林区 131 个国有林业局，25 个可采资源枯竭，资源危机和经济危困开始出现（国家林业局，1999）。

2. 以满足木材需求与生态需求为导向的森林工业与营林并重发展战略时期（1978—1992 年）

1978 年十一届三中全会之后，国家要求逐步扩大森林资源的利用，增加木材产量和各种林产品产量，实现青山常在和永续利用。1980 年 3 月，中共中央、国务院发布《关于大力开展植树造林的指示》和《关于保护森林发展林业若干问题的决定》，明确规定保护森林、发展林业的方针政策，提出林业调整和林业发展的战略任务。随后，国家林业部明确把森林覆盖率提高到 30% 的战略目标，标志着中国林业建设工作的重点逐步从以原木生产为中心转移到以营林为基础，以造林、护林、绿化祖国为中心任务的轨道上来，确立了中国林业发展战略的指导思想。这一时期林业政策的服务重点是植树造林和国土绿化，提高森林覆盖率，扭转森林资源持续下降的趋势。1980 年 3 月 5 日，中共中央、国务院发出《关于大力开展植树造林的指示》，1981 年 12 月 13 日五届全国人大四次会议审议通过了《关于开展全民义务植树运动的决议》，1982 年 2 月 27 日国务院常务会议又通过了《关于开展全民义务植树运动的实施办法》，林业建设的重点开始转移到大规模开展植树造林、加快国土绿化的轨道上来。1987 年 6 月 30 日，中共中央、国务院下发了《关于加强南方集体林区森林资源管理坚决制止乱砍滥伐的指示》强化执行年森林采伐限额制度。1978 年 11 月，中共中央、国务院决定在东北、华北、西北地区实施"三北"防护林体系建设工程，之后又相继启动了长江中上游防护林、沿海防护林、防沙治沙、太行山绿化、平原绿化等林业重点生态工程。1990 年 9 月 1 日，国务院批复下发了《关于 1989—2000 年全国造林绿化规划纲要》，大大推进了全国各地的造林灭荒工作。1988 年以后，森工系统普遍推行了以"六包三挂钩"为主要内容的承包办法，转换企业经营机制，力图控制森林资源过度消耗，促进更新跟上采伐和提高企业经济效益。1986 年，林业部明确提出森工企业要实行"以林为主，综合利用，多种经营，立体开发，全面发展"的方针，积极发展多种经营。1986 年 10 月 6 日国务院办公厅印发了《国务院办公厅转发关于研究解决国有林区森林工业问题会议纪要的通知》，提出了实行调减木材产量、逐年减少木材上调量、调整木材价格、增加育林基金提取比例、增加森工多种经营贴息贷款、减免部分产品税、增加林业投入等扶持政策，力图为扭转森工"两危"局面创造条件（国家林业局，1999）。

3. 以满足产业发展需求和生态需求为导向的林业可持续发展战略时期（1993—1998年）

1992年巴西联合国环境与发展大会以后，中国制定了《中国21世纪议程》，1995年林业部颁布《中国21世纪议程林业行动计划》将可持续发展列入21世纪林业发展战略。1993年党的十四届三中全会通过《关于建立社会主义市场经济体制若干问题的决定》，中国开始加快市场化改革进程。1995年国家林业部明确建立新的林业经营管理体制和发展模式新的林业发展战略，确立到2010年建立起比较完备的林业生态体系和比较发达的林业产业体系的林业发展战略目标。这一时期的林业政策目标为促进林业产业与林业生态建设的协调发展。在产业发展方面，从1996年开始，中国实施山区林业综合开发，以多种形式参加山区开发和兴办绿色产业，力图改善山区生态环境，同时带动群众脱贫致富。在生态建设方面，1993年以后，国家相继启动了黄河中游、珠江、淮河大湖、辽河等重点生态工程，林业十大重点工程整体推进。党的十五大明确提出要把"植树造林，搞好水土保持，防治荒漠化，改善生态环境"作为跨世纪发展战略的重要内容。1997年，时任中共中央总书记江泽民就西北生态环境建设问题作了长篇重要批示，提出要建设秀美山川。1998年，中共中央、国务院决定实施天然林保护工程，全面停止长江、黄河流域天然林的采伐，大部分地停止东北、内蒙古地区、西南地区国有天然林采伐，保护好天然林资源（国家林业局，1999）。

4. 以满足国家生态安全需求为导向的林业生态建设发展战略时期（1999—2019年）

1999年国家完成退耕还林试点工作，2002年中国全面启动退耕还林工程，同时全面启动和深入推进天然林资源保护等六大林业重点工程。2004年3月，十届全国人大二次会议通过的《政府工作报告》明确提出"实施以生态建设为主的林业发展战略"。2009年，首次中央林业工作会议明确了林业在贯彻可持续发展战略中具有重要地位，提出实现科学发展必须把发展林业作为重大举措，建设生态文明必须把发展林业作为首要任务，应对气候变化必须把发展林业作为战略选择，解决"三农"问题必须把发展林业作为重要途径。党的十八大以来，以习近平同志为核心的党中央提出"绿水青山就是金山银山"生态文明建设新思想和建设"美丽中国"新战略。林业要为建设生态文明和美丽中国创造更好的生态条件，发展林业是生态文明建设的重要举措。在新时代，中国林业发展将以习近平新时代中国特色社会主义思想和习近平生态文明思想为指导，践行"两山"理念，以建设美丽中国为总目标，以满足人民美好生活需要，提供更多优质生态产品为主要任务，按照山水林田湖草是一个生命共同体的理念和系统治理、依法治理、综合治理、源头治理的要求，全面深化林业草原改革，不断完善林草事业法律法规体系，加快推进林草治理体系和治理能力现代化。通过科学规划、配套政策、精准管理、优化服务，切实加强森林、草原、湿地、荒漠生态系统保护修复和野生动植物保护，积极推进以国家公园为主体的自然保护地体系建设，大力发展绿色富民产业，不断增强基础保障能力，全力推动林业草原事业高质量发展，为决胜全面建成小康社会、建设生态文明和美丽中国作出新的更大贡献（苏春雨，2019）。

三、1949—2019 年中国林业发展战略实施绩效评价

1. 森林工业发展战略与木材产出绩效

新中国成立初期，国家百废待兴，经济发展落后，政府致力于发展国民经济，而木材原料作为一种重要资源被大量采伐，建立了一批专门进行木材采伐和加工的森林工业和企业，从而逐步形成了国有林区。这个时期我国在林业上深受苏联的政策影响，营林政策以苏联的营林政策为蓝本，在计划经济体制下，每年下达的林业目标和指标主要是每年要交给国家多少立方米木材，全面推行林业皆伐。在 1949 年新中国成立初期的经济恢复时期，以采运为主的森林工业发挥了重要的支持作用（王春阳，2006）。长期奉行的"木头林业"，即一味追求林业的木材产出功能，导致了东北国有林区的资源危机和经济危困。重点国有林区开发建设承担了 1949 年以后经济社会恢复重建和实现国家工业化向国家提供木材的重任，从 1949 年林区开发建设起到 1965 年"文化大革命"前短短 10 年，重点国有林区木材产量就猛增到近 5000 万立方米（王迎，2013）。以木材和林产品生产为中心的行政化命令在短时间内提高了木材产量，1949 年至 1979 年全国累计生产木材高达 10 亿立方米，同时天然林资源遭到了严重破坏（胡鞍钢、沈若萌，2014），林业发展基本上局限于原始森林的积

累和采伐（赵焜，2013）。图 1-1 是森林工业发展战略时期（1949—1977 年）我国木材产量（数据来源于《中国统计年鉴》）。从图 1-1 可以看出，木材产量总体呈现上升趋势。具体而言，木材产量由 1949 年的 567 万立方米上升到 1977 年的 4967.2 万立方米，增加了 7.76 倍。

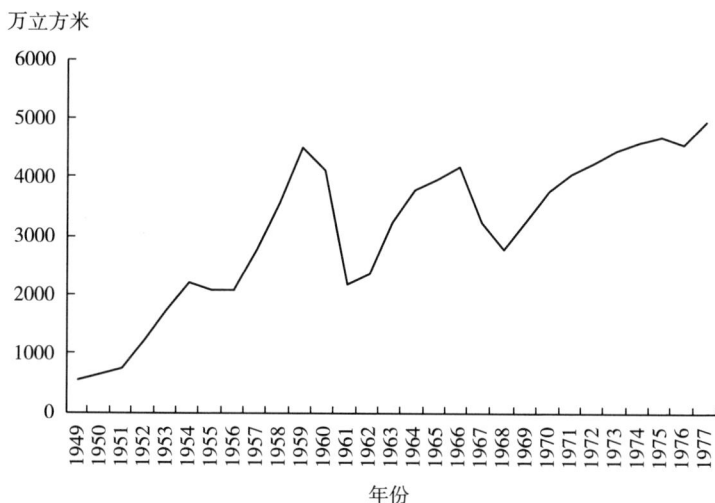

图 1-1　1949—1977 年中国木材产量

2. 森林工业与营林并重发展战略时期与产业发展绩效

1978—1992 年期间，国家的工作重心转移到经济建设为中心的现代化建设轨道上，国民经济得到了恢复和发展，森林资源开发和保护相结合的重要性也随之得到党和国家的高度重视，森林资源利用进入了节制采伐的新时期（王雨婷，2015）。与此同时，林业产业结构得到了优化调整，我国林业产业进入新的历史发展阶段（韩锋，2015）。通过在西北、华北的北部、东北的西部建设的"三北"防护林体系工程带动林业产业发展，改善当地生产条件和提高农民生活水平。1979—1988 年期间，林业产业领域的机构设置、经济管理体制和行政管理手段发生重大变化，带动中国林业产业跨过恢复阶段并进入加速发展期。1979 年，我国林业产品进出口总额为 15.56 亿美元，到 1990 年前夕迅速增至 45.26 亿元，增长了 2.9 倍（弹汰，2018）。

3. 林业可持续发展战略与林业可持续发展绩效

1993—1998 年期间，我国森林资源培育和保护开始取得明显成果，出现了前所未有的"量"和"质"齐增的良好局面，实现了森林盈余增长与经济发展的并行不悖。森林资源快速增长是与经济高速增长同步发生，这在其他主要国家中较为少见（胡鞍钢、沈若萌，2014）。表 1-1 列出了林业可持续发展战略时期林业产业总产值和造林面积统计数据。1993 年林业产业总产值为9880000 万元，1998 年林业产业总产值上升到 32742308 万元，增长了 2.31倍，1993 年年均造林面积 5903.4 千公顷，1998 年年均造林面积 4811.05 千公顷，处于较高水平。这一时期，发展林业产业与保护森林资源得到同步并行，林业产业与生态建设协调发展的格局基本形成。

表 1-1　1993—1998 年林业产业总产值和造林面积

年份	林业产业总产值（万元）	造林面积（千公顷）
1993	9880000	5903.40
1994	13375000	5992.66
1995	17747500	5214.61
1996	22228571	4919.38
1997	27260000	4354.93
1998	32742308	4811.05

4. 林业生态建设发展战略与生态环境改善绩效

经过 70 年的不懈努力，新中国从成立初期的"绿化祖国"运动，到改革开放后的"园林城市"创建，再到现在的"美丽中国"建设，中华大地上的绿色越来越多。从森林匮乏到人工林面积世界第一，从沙进人退到荒漠化治理引领全球，从洪水泛滥、水土流失到江河安澜、林茂粮丰，中华大地山川巨变的背后是生态文明建设的持久发力，是绿色发展的中国实践。全国森林覆盖率从新中国成立之初的不到 9% 提高到如今的 22.96%，森林蓄积量由 1976 年的86.6 亿方米增加到现在的 175.6 亿立方米。全国草原面积近 60 亿亩[*]，占国土面积的 41.7%；全国湿地总面积 5360.26 万公顷，占国土面积的 5.58%。全国森林覆盖率超过 50% 的省有 8 个，超过 60% 的省有 4 个，最高的福建省森林覆盖率超过 66.8%。优质高效的森林，创造着良好的生态空间和丰富的绿色林产品。依托森林资源，大力发展旅游、种植养殖、森林康养等林下经

＊　亩为非法定计量单位，1 亩＝1/15 公顷。

济，逐渐走上一条生态保护与经济发展、群众增收的共赢之路。我国已成为世界上森林资源增长最多和林业产业发展最快的国家，林业产业总产值从 1978 年的 179.6 亿元增加到 2018 年的 7.33 万亿元，一二三产业结构不断优化，以森林旅游、森林体验、森林康养等为代表的新兴业态和休闲服务业快速发展，竹材、人造板、地板、木门、家具、松香以及经济林产品产量世界第一，已成为最具影响力的世界林产品生产、贸易和消费大国，为农民脱贫致富、乡村经济社会发展作出了重要贡献（苏春雨，2019）。在这期间，退耕还林工程全面展开，建设范围涉及全国 25 个省、自治区和直辖市，3200 万农户，1.24 亿农民，累计完成退耕地造林面积达 906.26 万公顷，配套荒山荒地造林面积为 1413.72 万公顷，新封山育林面积达 193.32 万公顷。退耕还林实现了增加林草植被、改善生态状况的目标，工程区森林资源显著增长。1998 年，天然林保护工程启动，19.44 亿亩天然乔木林休养生息，实现了森林面积和蓄积"双增长"，工程区多个省（区、市）森林覆盖率已达或接近 60%，森林资源保护与发展取得了显著成绩，森林资源呈现良好的发展势态（赵德缙等，2004；吴水荣等，2002；李华峰等，2008；王慈民，2012；马莉军，2015；崔涛，2013）。据联合国粮食及农业组织统计，在 2001—2010 年间，中国森林面积年均增长率达 1.63%，远高于欧美发达国家 0.3%～0.4% 的增长水平，与同属发展中国家且水热气候条件更适宜森林增长的印度（0.41%）和巴西（—0.47%）相比，也处于领先水平（胡鞍钢、沈若萌，2014）。

第二章　1949—2019 年中国林业产权政策变迁及其绩效评价

产权是经济制度研究的关键，有效的产权制度是整个经济制度的核心，它既直接影响人们在经济活动中的行为，又是其他相关制度的基础。毫无疑问，林业产权政策（制度）变迁是中国林业政策变迁研究的起点。在中国，林业产权政策（以下简称林权制度）的形成和发展是一个动态的过程，在这一不断变迁的过程中，人们可以发现，在历史、现在和未来三个时空上，尽管林权制度的每一次变化都有其特定的社会、经济和政治背景，但是它们在变化的形式和内容上总是呈现出很多相似之处。研究新中国成立 70 年来中国林权制度的历史变迁，并从历史变迁的路径中寻找共性、甄别差异，进而从历史的视角，评价功过得失，对于正在深入推进的中国林权制度配套改革政策的完善和实施无疑有着极为重要的借鉴价值。

一、中国的林权与林权制度

森林资源产权通常被称为林权，也被称为山林权属，是林地、林木的合法所有者拥有在法律规定范围内独占性地支配林地和林木的财产权利结构。在所有权基础上，林权所有人可以依法对其所有的林地、林木行使占有、使用、收益和处分的权利。林权反映的林业所有制关系，是社会生产关系的重要组成部分（孔凡斌，2004）。

在中国，林地和林木的权属性质是有区别的。就所有制结构而言，林地所有制只有国有和集体所有两种公有形式，法律不承认林地的私人所有权。林地所有权是严格的自物权，具有强烈的排他性和专有性，且有不可让渡性。集体林地产权具有土地财产权的一般特性，也有其不同的特征。就一般特征来看，林地产权具有不动产性质、供给具有稀缺性、可以重复使用的特性以及永久收益性等土地资源的一般特点。林地产权的特殊性是相对于耕地而言的，林地资源的稀缺性相对弱些；同时林地由于是同长周期的林木相联系，由于林业生产过程是社会生产过程和自然生产过程的统一，这就使林地产权在具有永久收益性上又有不同的内容和特点（张春霞，1996）。

中国现代林权在承认林地所有权的公有单一形式的同时，并不否认和排斥林地所有权之上用益权的流动性和出让性等制度安排。国家和集体的林地所有权中的占有、使用和收益的权利通常是可以有偿转让的，既通常所说的所有权和经营使用权的分离。林地经营权是一种限制物权，是林地经营权获得者在他人的林地上设置的权利，实际上也是根据林地所有权人的意志设定的林地所有权上的负担，起着限制所有权的作用，因此，林地所有人在自己的林地上设定了地上权，那么就只有林地使用权人使用林地，所获得的收益也由林地经营者享有，林地所有权人无权干预和处分。林地经营使用权属转让的方式通常有承包、租赁、合作、合股、拍卖等。林地经营权林木的所有权包括占有、使用、收益以及处分权都可以有偿转让。林木所有者可以通过买卖、抵押等物权流转方式实现林木财产权。可见，在保证林地所有权结构不变的基础上，林地使用权、经营权、收益权乃至经营权利的处分权利依法均可以按照效率原则在不同主体之间流动，从而拓宽了林地所有权利益的实现方式，为林地资源市场化和资源的有效配置创造了制度条件。

林木所有权则有国有、集体和私有三种基本类型，也可以概括为公有和非公有两种形式，林权权属设置相对灵活，权利主体呈现多元化，即可以是自然人所有，也可以是非国有、非集体成分的公司和企业法人所有，而且林木权利在不同主体之间可以依法转让。

相对于林木的公有权而言，私有林权通常是依据承包经营合同和法律直接规定而获得，私有林权是他物权，是林木所有者经营他人所有的林地而享有的权利，是林地的地上权。

东北和西南林区是中国主要的国有林区，国有森林资源主要分布在内蒙古、吉林、黑龙江、陕西、甘肃、新疆、青海、四川、云南 9 个省份。据第八次全国森林资源清查统计，重点国有林区经营总面积 32.7 万平方千米，约占国土面积的 3.4%。

南方林区是中国主要的集体林区，集体所有的森林资源主要分布在广东、海南、湖南、湖北、江西、福建、贵州、浙江、广西、安徽等 10 个省区市，集体林面积占 90% 以上。集体森林资源产权的基本特点是：林地所有权归集体所有，经营权在农户、集体和企业等多种主体手中，其中以农户为主。

二、1949—2019 年中国林业产权制度及其主要内容

表 2-1　1949—2019 年中国主要林业产权制度政策文件与主要内容

年份	政策文件或会议名称	主　要　内　容
1949	《中国人民政治协商会议共同纲领》	保护森林，并有计划地发展林业
1950	《中华人民共和国土地改革法》	没收和征收的山林按比例折合普通土地统一分配，大森林归国家所有
1951	《关于一九五一年农林生产的决定》	实行山林管理，鼓励造林，造林后林权归造林者所有
1951	《关于适当处理林权，明确管理保护责任的指示》	未明确划定林权的森林，较大者归国家所有，零星分散的山林按《土地改革法》确定林权，由县人民政府发给林权证明
1953	《关于发展农业生产合作社的决议》	林地折价入社，经营权归合作社、所有权归林农
1955	《农业生产合作社示范章程草案》	大部分森林、林木、林地产权转变为合作社集体所有，集体统一经营
1958	《关于在农村建立人民公社问题的决议》	山林全归公社所有
1961	《关于确定林权、保护山林和发展林业的若干政策规定（试行草案）》	确定和保证山林的所有权
1962	《关于改变农村人民公社基本核算单位的指示》	三级所有，队为基础
1963	《森林保护条例》	保障国家、集体的森林和个人的林木所有权不受侵犯
1981	《关于保护森林发展林业若干问题的决定》	开展林业"三定"工作，即稳定林权，划定自留山和确定林业生产责任制
1985	《关于进一步活跃农村经济的十项政策》	取消木材统购，开放木材市场，允许林农和集体的木材自由上市，实行议购议销
1987	《关于加强南方集体林区森林资源管理坚决制止乱砍滥伐的指示》	严格执行年森林采伐限额制度
1995	《林业经济体制改革总体纲要》	扩展了集体林区的经营模式，打破了林地林木资产由所有者所有、所有者经营的禁锢
1998	修订后的《森林法》	商品林的森林、林木所有权和林地使用权可以依法转让
2002	《中华人民共和国农村土地承包法》	林地的承包期为 30 年至 70 年
2003	《关于加快林业发展的决定》	进一步完善林业产权制度

（续）

年份	政策文件或会议名称	主 要 内 容
2006	《国民经济和社会发展第十一个五年规划纲要》	稳步推进集体林权改革
2008	《关于全面推进集体林权制度改革的意见》	村集体经济组织可保留少量的集体林地
2013	《关于进一步加强集体林权流转管理工作的通知》	禁止以市场投机和工商业掠夺为目的的林地租赁行为
2016	《关于完善集体林权制度的意见》	完善集体林权制度
2018	《关于进一步放活集体林经营权的意见》	放活集体林经营权

1949 年通过的《中国人民政治协商会议共同纲领》规定了"保护森林，并有计划地发展林业"。1950 年，中共人民政府委员会第八次会议通过了《中华人民共和国土地改革法》，林地作为土地利用形式之一也参照国家土地改革方案进行了改革，其中规定："没收和征收的山林、鱼塘、茶山、桐山、桑田、竹林、果园、芦苇地、荒地及其他可分土地，应按适当比例，折合普通土地统一分配之；大森林、大水利工程、大荒地、大荒山、大盐田和矿山及湖、沼、河、港等，均归国家所有，由人民政府管理经营之，其原由私人投资经营者，仍由原经营者按照人民政府颁布之法令继续经营之；没收和征收土地时，坟墓及坟场上的树木，一律不动。"之后颁布的各文件都规定了大面积的森林、荒山、荒滩等归国家所有，而且在以后的林权制度演进中基本上均未改变。

1951 年 2 月，政务院发布《关于一九五一年农林生产的决定》，指出："实行山林管理。严禁烧山和滥伐，划定樵牧区域，发动植树种果，推行合作造林。为了保持水土，还应分别不同地区，禁挖树根草根。对保护培育山林和植树造林有显著成绩者，人民政府应给以物质的或名誉的奖励。公有荒山荒地，鼓励群众承领造林，造林后林权归造林者所有。"同年 4 月份，政务院还在《关于适当地处理林权，明确管理保护责任的指示》中指出：在确定林权归属的基础上，由县级人民政府发给林权证书。农民从此拥有了自己的土地和山林，焕发出发展林业生产的积极性。

1953 年通过的《关于发展农业生产合作社的决议》强调指出，"为了进一步提高农业生产力，党在农村工作的最根本的任务，就是要逐步实行农业的社会主义改造，使农业能够由落后的小规模生产的个体经济变为先进的大规模生产的合作经济"。在这一阶段，林农将林地折价入社，经营权归合作社、所有权归林农，所有权和经营权分离，开始了"规模经营、合作造林、谁造谁有、伙造共有"的复合型林权制度。

1955 年 11 月《农业生产合作社示范章程草案》规定，"成片的林木一般应逐步过渡到由合作社经营。社员私有的林木，应该根据以下的原则，按照不同的情况分别处理：一是零星树木，归社员自己所有，自己经营；二是需要经常投入大量劳动的林木，例如果园、茶山、桑田、桐山、竹林等，应该交给合作社统一经营，由合作社付给合理的报酬。报酬的议定，要根据收益的大小和经营的难易，兼顾本主以前所费的工本和合作社今后所费的工本；三是费工比较少、收益比较多的成材林，例如松林、杉林等，经过本主同意，也可以由合作社统一经营，合作社经营这种林木所得的收益，在扣除所费的工本（护林、砍伐、运送等）和应得的利益以后，其余部分都给本主；四是新栽的幼林应该交给合作社统一经营，本主应得的报酬可以到有收益的时候再付。如果本主同意，幼林也可以由合作社按照他所费的工本收买，转为全社公有，幼林转为公有以后，林地的土地报酬问题，由合作社按照当地的习惯处理。"林区除少量零星树木仍属社员私有外，大部分森林、林木、林地产权转变为合作社集体所有。集体所有、集体统一经营。

1958 年，中共中央在《关于在农村建立人民公社问题的决议》中提出："人民公社建立时，对于自留地、零星果树、股份基金等等问题，不必急于处理，也不必来一次明文规定。一般说，自留地可能在并社中变为集体经营，零星果树暂时仍归私有，过些时候再处理，股份基金等可以再拖一、二年，随着生产的发展、收入的增加和人们觉悟的提高，自然地变为公有。"可见对"零星果树"的最终目标也是要实现"公有"，而零星果树的林权归农户私有的现象也只是"暂时"的。按照"一大二公"的要求，将原合作社的山林全部归公社所有，一些地方在初级合作社和高级合作社时期需偿还折价款的入社山林，全部低价甚至无偿归人民公社所有，最终，确立了所有权、经营权均归人民公社集体所有的林权制度，个人私有林权完全被剥夺。"人民公社化"的做法是：原先属于合作社的土地和农民的一切土地连同一切生产资料、公共财产都无偿地收归公社集体所有。公社对土地进行统一规划、统一生产、统一管理，分配实行平均主义。林区的山林产权制度也发生了相同的变化。

1960 年，中共中央出台的《中共中央关于农村人民公社当前政策问题的紧急指示信》（简称《十二条》）确立了"三级所有、队为基础"的基本核算制度，并要求必须对公社化以来县及县以上单位向公社、生产大队向生产队以及生产队向社员个人平调的各种财物进行清理，坚决退还，彻底纠正"一平二调"；《十二条》还允许社员在屋前屋后培育零星的果树，并且规定这些零星的果树归个人支配，实际上承认农民享有零星树木的所有权和支配权。

1961 年，中共中央通过了《关于确定林权、保护山林和发展林业的若干政策规定（试行草案）》（即《林业十八条》），为确定和保障山林的所有权，作出了如下规定：天然的森林资源，和在"人民公社化"以前已经划归国有的山林，仍然归国家所有。高级合作社时期，划归合作社、生产队集体所有的山林和社员个人所有的山林，应该仍然归生产大队、生产队集体所有和社员个人所有。除此以外，"人民公社化"以来和今后新造的各种林木，都必须坚持"谁种谁有"的原则，国造国有，社造社有，队造队有，社员个人种植的零星树木，归社员个人所有。原来归高级社所有的山林，一般应该归生产大队所有，小片的和零星的林木，也可以由大队分给生产队所有。高级社时期确定归社员个人所有的零星树木，社员在村前村后、屋前屋后、路旁水旁、自留地上和坟地上种植的树木，都归社员个人所有。山林归谁所有，林木的产品和收入就归谁支配，任何单位和个人都不得侵犯。

1962 年 2 月 13 日，中共中央发布了《关于改变农村人民公社基本核算单位问题的指示》，决定农村人民公社采取以生产队为基本核算单位的形式，并规定："原来归大队所有的大片集中林木，可以根据情况，仍归大队所有，或者下放给生产队所有。归大队所有的林木，可以由大队直接经营，也可以包给生产队经营。分散在各生产队土地上的小片林木或者零星林木，一般应当下放给生产队所有，如果因为分布不均、难以分配的，也可以仍归大队所有，包给生产队经营。"

1962 年 9 月 27 日，中共中央通过的《农村人民公社工作条例修正草案》规定，"原来高级农业生产合作社所有的山林和生产大队新植的林木，一般都归生产大队所有。国有山林和公社所有的山林，如果国家和公社不便于经营，也可以划给大队所有。大队可以把小片的零星的山林和路旁、村旁的林木，分别划给生产队和社员所有。生产大队应该把大部分山林，固定包给生产队经营，使山林资源得到充分的利用和保护。少数不便于生产队经营的，可以由大队组织专业队负责经营。生产大队和生产队应该根据山林资源条件、国家采伐计划和本大队的需要，同时，也根据负责经营的生产队的需要，确定每年林木采伐的数量、规格、时间和地点，对于不在计划之内和不合规格的采伐，生产大队和生产队都有权制止。"

1963 年 5 月，国务院又颁布了《森林保护条例》，规定，"保障国家、集体的森林和个人的林木所有权，森林和林木归谁所有，其产品和收入就归谁支配，任何单位和个人不得侵犯。国有林由国营林场负责经营，但是，分散小片的森林，不便于建立国营林场经营的，可以由当地林业行政部门包给人民公社的生产队经营，或者包给人民公社、生产大队经营；人民公社和生产大队所有的森林，一般应当固定包给生产队经营；不适合生产队经营的，由人民公社或者生产大队组织专业队经营，生产队所有的森林，成片的应当由生产队统一经营；零星树木可固定交给社员专责经营，并且订立收益分配的合同。"

1981 年 3 月 8 日，中共中央、国务院发布《关于保护森林发展林业若干问题的决定》，推行以"稳定山林权、划定自留山，确定林业生产责任制"为主要内容的林业"三定"工作，具体内容为："要稳定山权林权，落实林业生产责任制。国家所有、集体所有的山林树木，或个人所有的林木和使用的林地，以及其他部门、单位的林木，凡是权属清楚的，都应予以承认，由县或者县以上人民政府颁发林权证，保障所有权不变；凡林权有争议的，由有关政府，组织有关双方，协商解决，协商无效时，提请人民法院裁决，在纠纷解决之前，任何一方都不准砍伐有争议的林木，违者依法惩处。要根据群众的需要，划给社员自留山（或荒沙荒滩），由社员植树种草，长期使用。划自留山的面积和具体办法，由各省、市、自治区规定。社员在房前屋后、自留山和生产队指定的其他地方种植的树木，永远归社员个人所有，允许继承。国营林场和社队都要按照中央《进一步加强和完善农业生产责任制的几个问题的通知》精神，结合林业生产的特点，认真落实林业生产责任制。要根据各尽所能、按劳分配的原则，切实把责任和报酬、整体利益和个人利益紧密地联系起来。社队集体林业，应当推广专业承包、联产计酬责任制。可以包到组、包到户、包到劳力。联系造林营林成果，实行合理计酬、超产奖励或收益比例分成。"

1985 年，中共中央、国务院又颁布了《关于进一步活跃农村经济的十项政策》，进一步放宽山区、林区政策，其中规定：山区二十五度以上的坡耕地要有计划有步骤地退耕还林还牧，以发挥地利优势。口粮不足的，由国家销售或赊销。集体林区取消木材统购，开放木材市场，允许林农和集体的木材自由上市，实行议购议销。木材收购部门可以用换购合同的形式收购一部分木材。砍伐须依法经政府批准，严禁乱砍滥伐。中药材，除因保护自然资源必须严格控制的少数品种外，其余全部放开，自由购销。药材收购部门应根据供需状况，有重点地与产地签订收购合同。国营林场，也可以实行职工家庭承包或同附近农民联营。与此同时在南方集体林区一些地方实行"分林到户"和"两山并一山"（把自留山、责任山并为自营山）的政策，结果导致南方集体林区许多地方滥砍乱伐林木，森林资源损失严重。基于此，1987 年中共中央、国务院又专门发出《关于加强南方集体林区森林资源管理坚决制止乱砍滥伐的指示》，提出：一要严格执行年森林采伐限额制度。国务院批准各省、自治区的采伐限额，要迅速落实到基层生产单位，今后未经国务院或授权单位批准，各级都不得突破限额。对 1985 年以来乱砍滥伐，包括地方各级领导人擅自批准的超计划采伐，要集中进行清查，并按《森林法》的有关规定，严肃处理。林区乡村企业生产加工用材和群众自用木材，都必须纳入采伐限额。二要坚决依法保护国有山林权属不受侵犯。国营林场和自然保护区经营管理的山场、林木、任何单位和个人都不得以任何借口侵占、破坏。三要完善林业生产责任制。集体所有集中成片的用材林，凡没有分到户的不得再分。已经分到户的，要以乡或村为单位组织专人统一护林，积极引导农民实行多种形式的联合采伐，联合更新、造林。四要整顿木材流通渠道。重点产材县，由林业部门统一管理和进山收购。个别单位情况特殊，需要进山直接收购的，须经地、市以上林业部门批准，按县林业部门指定的时间、地点、树种、材种限额收购。林农自产的零星木材，可在指定的市场上凭证自销。不允许私人倒卖和购运木材。

1995 年 8 月，原国家经济体制改革委员会和林业部联合下发的《林业经济体制改革总体纲要》明确指出：要以多种方式有偿流转宜林"四荒地使用权"，要"开辟活立木市场，允许通过招标、拍卖、租赁、抵押、委托经营等形式，使森林资产变现"。随着系列相关法律法规的制定和施行，林权的市场化运作也日益活跃，由最初的"四流"资源拍卖、中幼林及成熟林的转让发展到林地使用权流转等。

1998 年修订后的《森林法》规定：森林资源属于国家所有，由法律规定属于集体所有的除外。国家所有的和集体所有的森林、林木和林地，个人所有的林木和使用的林地，由县级以上地方人民政府登记造册，发放证书，确认所有权或者使用权。国务院可以授权国务院林业主管部门，对国务院确定的国家所有的重点林区的森林、林木和林地登记造册，发放证书，并通知有关地方人民政府。森林、林木、林地的所有者和使用者的合法权益，受法律保护，任何单位和个人不得侵犯。并将森林分成防护林、用材林、经济林、薪炭林、特种用途林五大类，用材林、经济林、薪炭林的森林、林木所有权和林地使用权可以依法转让，也可以依法作价入股或者作为合资、合作造林、经营林木的出资、合作条件，但不能将林地改为非林地。还针对林权争议问题作出如下规定：单位之间发生的林木、林地所有权和使用权争议，由县级以上人民政府依法处理。个人之间、个人与单位之间发生的林木所有权和林地使用权争议，由当地县级或者乡级人民政府依法处理。当事人对人民政府的处理决定不服的，可以在接到通知之日起一个月内，向人民法院起诉。在林木、林地权属争议解决以前，任何一方不得砍伐有争议的林木。对于造林方面，规定：各级人民政府应当组织各行各业和城乡居民完成植树造林规划确定的任务。宜林荒山荒地，属于国家所有的，由林业主管部门和其他主管部门组织造林；属于集体所有的，由集体经济组织组织造林。铁路公路两旁、江河两侧、湖泊水库周围，由各有关主管单位因地制宜地组织造林；工矿区，机关、学校用地，部队营区以及农场、牧场、渔场经营地区，由各单位负责造林。国家所有和集体所有的宜林荒山荒地可以由集体或者个人承包造林。国有企业事业单位、机关、团体、部队营造的林木，由营造单位经营并按照国家规定支配林木收益。集体所有制单位营造的林木，归该单位所有。农村居民在房前屋后、自留地、自留山种植的林木，归个人所有。城镇居民和职工在自有房屋的庭院内种植的林木，归个人所有。集体或者个人承包国家所有和集体所有的宜林荒山荒地造林的，承包后种植的林木归承包的集体或者个人所有；承包合同另有规定的，按照承包合同的规定执行。

2002 年 8 月 29 日，九届全国人大二十九次会议通过的《中华人民共和国农村土地承包法》规定：林地的承包期为 30 年至 70 年，特殊林木的林地承包期经国务院林业行政主管部门批准可以延长；县级以上地方人民政府应当向承包方颁发土地承包经营权证或者林权证等证书，并登记造册，确认土地承包经营权；承包合同生效后，发包方不得因承办人或者负责人的变动而变更或者解除，也不得因集体经济组织的分立或者合并而变更或者解除。荒山、荒沟、荒丘、荒滩等可以直接通过招标、拍卖、公开协商等方式实行承包经营，也可以将土地承包经营权折股分给本集体经济组织成员后，再实行承包经营或者股份合作经营。通过招标、拍卖、公开协商等方式承包农村土地，经依法登记取得土地承包经营权证或者林权证等证书的，其土地承包经营权可以依法采取转让、出租、入股、抵押或者其他方式流转。

2003 年 6 月，中共中央、国务院颁发了《关于加快林业发展的决定》（以下简称《决定》），确立了林业改革发展的大方向，标志着新一轮林权制度改革的开始。《决定》要求：进一步完善林业产权制度。这是调动社会各方面造林积极性，促进林业更好更快发展的重要基础。要依法严格保护林权所有者的财产权，维护其合法权益。对权属明确并已核发林权证的，要切实维护林权证的法律效力；对权属明确尚未核发林权证的，要尽快核发；对权属不清或有争议的，要抓紧明晰或调处，并尽快核发权属证明。退耕土地还林后，要依法及时办理相关手续。已经划定的自留山，由农户长期无偿使用，不得强行收回。自留山上的林木，一律归农户所有。对目前仍未造林绿化的，要采取措施限期绿化。分包到户的责任山，要保持承包关系稳定。上一轮承包到期后，原承包做法基本合理的，可直接续包；原承包做法经依法认定明显不合理的，可在完善有关做法的基础上继续承包。新一轮的承包，都要签订书面承包合同，承包期限按有关法律规定执行。对已经续签承包合同，但不到法定承包期限的，经履行有关手续，可延长至法定期限。农户不愿意继续承包的，可交回集体经济组织另行处置。对目前仍由集体统一经营管理的山林，要区别对待，分类指导，积极探索有效的经营形式。凡群众比较满意、经营状况良好的股份合作林场、联办林场等，要继续保持经营形式的稳定，并不断完善。对其他集中连片的有林地，可采取"分股不分山、分利不分林"的形式，将产权逐步明晰到个人。对零星分散的有林地，可将林木所有权和林地使用权合理作价后，转让给个人经营。对宜林荒山荒地，可直接采取分包到户、招标、拍卖等形式确定经营主体，也可以由集体统一组织开发后，再以适当方式确定经营主体；对造林难度大的宜林荒山荒地，可通过公开招标的方式，将一定期限的使用权无偿转让给有能力的单位或个人开发经营，但必须限期绿化。不管采取哪种形式，都要经过本集体经济组织成员的民主决策，集体经济组织内部的成员享有优先经营权。《决定》同时指出：要加快推进森林、林木和林地使用权的合理流转。在明确权属的基础上，国家鼓励森林、林木和林地使用权的合理流转，各种社会主体都可通过承包、租赁、转让、拍卖、协商、划拨等形式参与流转。当前要重点推动国家和集体所有的宜林荒山荒地荒沙使用权的流转。对尚未确定经营者或其经营者一时无力造林的国有宜林荒山荒地荒沙，也可按国家有关规定，提供给附近的部队、生产建设兵团或其他单位进行植树造林，所造林木归造林者所有。森林、林木和林地使用权可依法继承、抵押、担保、入股和作为合资、合作的出资或条件。积极培育活立木市场，发展森林资源资产评估机构，促进林木合理流转，调动经营者投资开发的积极性。国家鼓励各种社会主体跨所有制、跨行业、跨地区投资发展林业，进一步明确非公有制林业的法律地位，切实落实"谁造谁有、合造共有"的政策。

2006年3月，十届全国人大四次会议审议并通过的《国民经济和社会发展第十一个五年规划纲要》在深化农村改革部分增加了"稳步推进集体林权改革"等内容。

2008年6月，中共中央、国务院为进一步解放和发展林业生产力，发展现代林业，增加农民收入，建设生态文明，出台了《关于全面推进集体林权制度改革的意见》，规定：一要明晰产权。在坚持集体林地所有权不变的前提下，依法将林地承包经营权和林木所有权，通过家庭承包方式落实到本集体经济组织的农户，确立农民作为林地承包经营权人的主体地位。对不宜实行家庭承包经营的林地，依法经本集体经济组织成员同意，可以通过均股、均利等其他方式落实产权。村集体经济组织可保留少量的集体林地，由本集体经济组织依法实行民主经营管理。林地的承包期为70年。承包期届满，可以按照国家有关规定继续承包。已经承包到户或流转的集体林地，符合法律规定、承包或流转合同规范的，要予以维护；承包或流转合同不规范的，要予以完善；不符合法律规定的，要依法纠正。对权属有争议的林地、林木，要依法调处，纠纷解决后再落实经营主体。自留山由农户长期无偿使用，不得强行收回，不得随意调整。承包方案必须依法经本集体经济组织成员同意。自然保护区、森林公园、风景名胜区、河道湖泊等管理机构和国有林（农）场、垦殖场等单位经营管理的集体林地、林木，要明晰权属关系，依法维护经营管理区的稳定和林权权利人的合法权益。二要勘界发证。明确承包关系后，要依法进行实地勘界、登记，核发全国统一式样的林权证，各级林业主管部门应明确专门的林权管理机构，承办同级人民政府交办的林权登记造册、核发证书、档案管理、流转管理、林地承包争议仲裁、林权纠纷调处等工作。三要放活经营权。实行商品林、公益林分类经营管理。依法把立地条件好、采伐和经营利用不会对生态平衡和生物多样性造成危害区域的森林和林木，划定为商品林；把生态区位重要或生态脆弱区域的森林和林木，划定为公益林。对商品林，农民可依法自主决定经营方向和经营模式，生产的木材自主销售。对公益林，在不破坏生态功能的前提下，可依法合理利用林地资源，开发林下种养业，利用森林景观发展森林旅游业等。四要落实处置权。在不改变林地用途的前提下，林地承包经营权人可依法对拥有的林地承包经营权和林木所有权进行转包、出租、转让、入股、抵押或作为出资、合作条件，对其承包的林地、林木可依法开发利用。五要保障收益权。农户承包经营林地的收益,归农户所有。征收集体所有的林地,要依法足额支付林地补偿费、安置补助费、地上附着物和林木的补偿费等费用,安排被征林地农民的社会保障费用。经政府划定的公益林,已承包到农户的,森林生态效益补偿要落实到户;未承包到农户的,要确定管护主体,明确管护责任,森林生态效益补偿要落实到本集体经济组织的农户。严格禁止乱收费、乱摊派。六要落实责任。承包集体林地,要签订书面承包合同,合同中要明确规定并落实承包方、发包方的造林育林、保护管理、森林防火、病虫害防治等责任,促进森林资源可持续经营。基层林业主管部门要加强对承包合同的规范化管理。

2013 年国家林业局出台的《关于进一步加强集体林权流转管理工作的通知》规定:坚持农村集体土地承包经营制度,保护农民林地承包权益,是落实党在农村基本土地政策、国家宪法和法律规定的具体体现。开展集体林权流转,必须在坚持农村集体林地承包经营制度的前提下,按照依法、自愿、有偿原则流转,承包方有权依法自主决定林权是否流转和流转的方式,任何组织和个人都不得限制或者强行农民进行林权流转。各地应加大林权流转引导和规范。依法抵押的未经抵押权人同意的不得流转;采伐迹地在未完成更新造林任务或者未明确更新造林责任前不得流转;集体统一经营管理的林地经营权和林木所有权进行林权流转的,流转方案须在本集体经济组织内公示,经村民会议三分之二以上成员或者三分之二以上村民代表同意后,报乡镇人民政府批准,到林权管理服务机构挂牌流转,或者采取招标、拍卖、公开协商等方式流转。要建立"村有信息员、乡镇有服务窗口、县有服务场所"三级联动的林权流转管理服务网络和互联互通的集体林权流转信息采集系统和共享平台,逐步实现林权流转信息网络化管理。要积极探索林权流转合同制和备案制管理。

2016 年 11 月 16 日国务院办公厅印发《关于完善集体林权制度的意见》,对集体林权制度改革工作作出进一步部署,要求进一步明晰产权,继续做好集体林地承包确权登记颁证工作。对承包到户的集体林地,要将权属证书发放到户,由农户持有。对采取联户承包的集体林地,要将林权份额量化到户,鼓励建立股份合作经营机制。对仍由农村集体经济组织统一经营管理的林地,要依法将股权量化到户、股权证发放到户,发展多种形式的股份合作。对新造林地要依法确权登记颁证。加强林权权益保护。逐步建立集体林地所有权、承包权、经营权分置运行机制,不断健全归属清晰、权能完整、流转顺畅、保护严格的集体林权制度，形成集体林地集体所有、家庭承包、多元经营的格局。依法保障林权权利人合法权益，任何单位和个人不得禁止或限制林权权利人依法开展经营活动。确因国家公园、自然保护区等生态保护需要的，可探索采取市场化方式对林权权利人给予合理补偿，着力破解生态保护与林农利益间的矛盾。全面停止天然林商业性采伐后，对集体和个人所有的天然商品林，安排停伐管护补助。在承包期内，农村集体经济组织不得强行收回农业转移人口的承包林地。有序开展进城落户农民集体林地承包权依法自愿有偿退出试点。加强合同规范化管理。承包和流转集体林地，要签订书面合同，切实保护当事人的合法权益。落实分类经营管理。完善商品林、公益林分类管理制度，简化区划界定方法和程序，优化林地资源配置。建立公益林动态管理机制，在不影响整体生态功能、保持公益林相对稳定的前提下，允许对承包到户的公益林进行调整完善。全面推行集体林采伐公示制度，地方政府要及时公示采伐指标分配详细情况。放活商品林经营权。完善森林采伐更新管理制度，进一步改进集体人工用材林管理，赋予林业生产经营主体更大的生产经营自主权，充分调动社会资本投入集体林开发利用。大力推进以择伐、渐伐方式实施森林可持续经营，培育大径级材，提高林地产出率。积极稳妥流转集体林权。鼓励集体林权有序流转，支持公开市场交易。鼓励和引导农户采取转包、出租、入股等方式流转林地经营权和林木所有权，发展林业适度规模经营。创新流转和经营方式，引导各类生产经营主体开展联合、合作经营。

2018 年国家林业和草原局出台的《关于进一步放活集体林经营权的意见》提出：推行集体林地所有权、承包权、经营权的三权分置运行机制，落实所有权，稳定承包权，放活经营权，充分发挥"三权"的功能和整体效用，是深入推进集体林权制度改革的重要内容，放活林地经营权是其核心要义。鼓励各种社会主体依法依规通过转包、租赁、转让、入股、合作等形式参与流转林权，引导社会资本发展适度规模经营。当前，尤其要重点推动宜林荒山荒地荒沙使用权流转，促进国土绿化。鼓励和支持地方制定林权流转奖补、流转履约保证保险补助、减免林权变更登记费等扶持政策，引导农户有序长期流转经营权并促进其转移就业。在林权权利人对森林、林木和林地使用权可依法继承、抵押、担保、入股和作为合资、合作的出资或条件的基础上，进一步拓展集体林权权能。鼓励以转包、出租、入股等方式流转政策所允许流转的林地，科学合理发展林下经济、森林旅游、森林康养等。积极发展森林碳汇，探索推进森林碳汇进入碳交易市场。鼓励探索跨区域森林资源性补偿机制，市场化筹集生态建设保护资金，促进区域协调发展。在坚持家庭经营的基础性地位前提下，积极推进家庭经营、集体经营、合作经营、企业经营、委托经营等共同发展的集体林经营方式创新。探索集体林经营权新的实现形式和运行机制，推广集体林资源变资产、资金变股金、农民变股东的"三变"模式，增加农民财产收益和劳务收入。鼓励引导实物计租货币结算、租金动态调整、入股保底分红等利益分配方式，激发更多的农民主动参与林权流转。推广"林地股份合作社＋职业森林经理人＋林业综合服务"三位一体的"林业共营制"，大力培育一批职业森林经理人，支持将职业森林经理人纳入城市社保保障范围。

三、中国林权制度变迁过程及阶段特征

1949 年新中国成立后，中国林权制度经历了重大变革与调整，这与中国政治、经济和社会环境的发展与变化是密不可分的。中国林权制度不断发展、创新的过程，是强制性制度变迁和诱致性制度变迁相互交替的过程。具体的变迁过程可以划分为以下六个基本阶段：

第一阶段：土地改革阶段（1949—1952 年）。这一阶段制度变迁的目标是：把封建所有制的土地制度改革为农民私有制的土地制度，制度变迁是通过自上而下的强大的政治推动实现的，是一种典型的强制性制度变迁（徐秀英、吴伟光，2004）。1949 年 9 月《中国人民政治协商会议共同纲领》规定了"保护森林，并有计划地发展林业"。1950 年《土地改革法》进一步明确规定"没收和征收的山林、鱼塘、茶山、桐山、桑田、竹林、果园、芦苇地、荒山及其他可分土地，应按照适当比例，折合普通土地统一分配之"。同时规定大森林、大荒山、大荒地等归国家所有，政府颁发《土地证》，将私有山林权属同耕地一样固定下来。根据这些规定，各大行政区相应地制定了实施办法，很快在全国范围内确立了国有林和农民个体所有林等两种林业所有制。该阶段的林权制度改革确立了林农对个人所有山林的支配权，激发了林农经营的积极性。但是，这种制度建立起来的是农民占有小块土地的农民个体经济，仍然属于分散落后状态的小农经济。由于农村生产力极其落后，"土改"后个体农民拥有的生产工具严重不足，资金也十分缺乏，积累率很低，根本无法抵御各种自然灾害的侵扰，更没有能力采用先进的生产工具和技术（徐秀英、吴伟光，2004）。

第二阶段：社会主义改造阶段（1953—1956 年）。1953 年国家开始进入有计划的经济建设时期，制定了国民经济发展的第一个五年计划，林业开始走合作化道路，中国林业产权制度改革进入社会主义改造即初级合作化阶段。1955年11月《农业生产合作社示范章程草案》规定：成片的林木一般应逐步过渡到由合作社经营。社员私有的林木应根据以下原则，按照不同的情况逐步处理：一是零星树木归社员自己所有自己经营；二是需要经常投入劳动的，如果园、茶山、桐山、竹林等由合作社统一经营，由合作社付给合理的报酬；三是对松林、杉木等成材林经林主同意，可以由合作社统一经营，合作社所得收益扣除护林、采运、运送成本和应得报酬以外，其余部分都归林主；四是新栽的幼林交给合作社统一经营，林主应得报酬可以有收益后再付，也可以由合作社按照所费工本收买，转为合作社共有。初级社承认山林私有权，保留林地报酬。农民除保留自留山、自留林、自留树以外，其余山林作价入股，确定入股成员与合作社的分成比例。1956年全国范围内基本完成农业社会主义改造，废除了土地私有权，建立了土地的集体所有制，合作社比较完整地拥有了林地的所有权、使用权、收益权和处置权，形成了最初的集体林业产权。这个阶段森林权属由"分"走向"合"，林业开始实行合作社集体合作经营。该阶段的林权改革大大提升了农业集体化的比例，社员对于入社的林业资产不再享有直接支配权但并没有丧失财产的所有权。但是，这种产权制度建立的时间过早过快，合作社规模越办越大，与农村生产力、干部经营管理能力不相适应，在发展过程中出现了强迫命令的现象。

第三阶段：高级合作社和人民公社阶段（1957—1980 年）。 1955年10月4日党的七届六中全会通过的《关于农业合作社问题的决议》提出：要重点试办农业生产合作社，在有些已经基本实现半社会主义合作化的地方，根据生产需要、群众觉悟和经济条件，从个别试办，由少到多，分期分批地由初级社变为高级社。从1956年开始，初级社还没来得及巩固，高级社在全国就进入了大发展阶段。高级农业合作社的做法是废除土地私有制，使土地由农民所有转变为合作社集体所有。这是林地所有制的又一次重大变革。在高级社里，除社员原有的坟地和宅基地不必入社外，社员私有的土地及地上附属的私有的塘、井等水利设施，都无代价地转归合作社集体所有。土地由集体统一经营使用，全体社员参加集体统一劳动，取消土地分红，按劳动的数量和质量进行分配。1958年8月29日中共中央颁布了《关于在农村建立人民公社问题的决议》，中国已进入"人民公社化"时期。此后，中共中央在1962年2月13日发布了《关于改变农村人民公社基本核算单位问题的指示》，决定农村人民公社一般以生产队（即小队，相当于初级社）为基本核算单位，将组织生产和进行分配的单位统一起来，从而在一定程度上解决了自 1956 年高级社以来一直存在的生产队之间的平均主义问题。其间，中国林业产权制度随之开始一次新的变动，但是林地产权制度的性质在"人民公社化"的过程中并没有根本的改变，林地仍然属于集体所有，由集体统一经营。1958 年"大跃进"和人民公社在全国推行后，由于各地大炼钢铁，大量的天然林甚至原始林遭到掠夺性砍伐；同时，开始搞"一平二调"和"共产风"，将原合作社的土地、山林、耕牛等全部归公社所有。一些地方在初级和高级农业生产合作化时期需偿还折价款的折价山林，全部低价甚至无偿归人民公社集体所有，使原有的个人所有制急剧地变为集体所有制，造成林木、林地权属混乱，对农民的利益造成了巨大的冲击，也为以后的林权纠纷留下了隐患。在 1961—1964 年的调整阶段，中央针对"大跃进"和人民公社对森林资源造成的破坏，对确定产权，保护山林和发展林业作出了若干政策规定（即《林业十八条》）："房前屋后、自留山、自留地和坟地上的林木，以及林木入社时给农民留下的自留树都归社员所有"，明确了国家、集体和个人的林业权属关系。这些规定对稳定林木权属，促进林业发展起了积极作用。在 1966—1976 年"文化大革命"时期，中国林权制度发展进入倒退和严重挫折阶段，农村出现并社并队，没收自留山、自留地、自留树，开展所谓的"割资本主义尾巴"，取消社员家庭副业，将社员私有的林木作为资本主义的尾巴统"割"给集体所有，几乎没收私人所有树木，国家、集体林地也大都被砍光，山林权属再次遭到严重破坏。该阶段的林权制度改革使得产权高度集中，高昂的劳动组织成本和监督成本使得林业效率低下，林业资源遭到严重破坏。

　　第四阶段：林业"三定"和"均山到户"阶段（1981—1991 年）。这一阶段的集体林权制度的改革参照了农业家庭联产承包责任制，家庭联产承包责任制是一个典型的诱致性制度创新，该阶段集体林权制度改革同样也是一次自上而下的制度变迁。1981 年 3 月，中共中央、国务院发布《关于保护森林发展林业若干问题的决定》，推行以"稳定山林权、划定自留山、确定林业生产责任制"为主要内容的林业"三定"工作，放宽农村经济政策。1985 年，中共中央、国务院又颁布了《关于进一步活跃农村经济的十项政策》，在集体林区实行"取消木材统购，开放木材市场，允许林农和集体的木材自由上市，实行议购议销"的政策，形成了对林业生产经营的利益驱动。与此同时在南方集体林区一些地方实行"分林到户"和"两山并一山"（把自留山、责任山并为自营山）的政策，结果导致南方集体林区许多地方滥砍乱伐林木，森林资源损失严重。对此，1987 年中共中央、国务院发布《关于加强南方集体林区森林资源管理，坚决制止乱砍滥伐的指示》，提出要"严格执行年森林采伐限额制度、集体所有集中成片的用材林凡没有分到户的不得再分"。林业"三定"及"均山到户"政策稳定了山林权属，普遍颁发了山林权证书，改变了过去山林权属不稳、界限不清、责任不明的混乱情况，调动了农民经营山林的积极性。但是由于配套政策没有完全跟上，加上经营者对改革政策缺乏信任，南方出现了比较严重的滥砍乱伐现象，产权激励不足。

第五阶段："四荒拍卖"与"大户林"形成阶段（1992—2002 年）。 在林业"三定"与"均山到户"之后，一些地方由于投资环境较差相继出现了荒山荒地没人要的窘境，不仅如此，造林绿化和林业发展面临政府财政支持乏力的困境，为此，1992 年中共中央、国务院推出以拍卖"四荒"地使用权 50～100 年不变为基本政策，通过把国家或集体所有的荒山、荒丘、荒滩、荒沟（未利用的）采用拍卖、租赁、承包等手段，出让给农户或其他经济组织，促进承包者的责任心和积极性，动员社会上的富余劳动力和闲散资金，投入"四荒"拍卖造林绿化中。1996 年中央有关文件明确土地承包期延长 30 年，林地承包期可延长到 70 年，这是稳定承包经营的重大政策，随之有了"四荒拍卖"带来的以"大户林"为代表的林区资源相对集中现象。1995 年 8 月，原国家经济体制改革委员会和林业部联合下发《林业经济体制改革总体纲要》，将推进林权市场化以政策的形式固定下来。《纲要》明确指出：要以多种方式有偿流转宜林"四荒地使用权"，要"开辟人工林活立木市场，允许通过招标、拍卖、租赁、抵押、委托经营等形式，使森林资产变现"。这个阶段的林权政策的主要特征为："四荒"拍卖实现了所有权和使用权的分离，购买者有了长期的经营权，调动了部分农户的投资造林的积极性，同时促进了资源集中并形成了经济规模，大量地吸收了社会资本，初步实现了林地资源向资本的转化。不仅如此，这一阶段的政策开始注重通过林地使用权的流转方式鼓励各类社会主体向林业投资，用以开发利用分散的或未被利用的林业资源，提高了林业资源的利用效率。至此，中国林权市场化运作趋势日益明显，林权制度改革的重点逐步向林地使用权流转方向发展。

第六阶段：现代林权制度改革与深化阶段（2003—2019 年）。 随着社会主义市场经济体制的建立和完善，林地使用权和林木所有权不明晰、经营主体未落实、利益分配不合理、林农负担过重、流转不规范等问题日益突出，市场配置资源的基础性作用在林业领域还没有充分体现出来，严重制约了林业产业的发展和农民造林的积极性。随着中国农业特产税的取消、林业规费的降低和林产品价格的上涨，经营林业的潜在收益已经可以预期，全国 25 亿亩集体林地可以为 5000 万农户和 2.5 亿农民提供可靠的就业岗位。无论从政府的角度还是农民的角度来看，推进新一轮林权制度改革迫在眉睫。2003 年 6 月中共中央、国务院颁布了《关于加快林业发展的决定》，确立了林业改革发展的大方向，标志着新一轮林权制度改革的开始。《决定》发布之后，福建省率先开展了以"明晰所有权、放活经营权、落实处置权、保障收益权"为主要内容的集体林权制度改革，随后，江西、辽宁、浙江等省相继推进，取得了成功的经验。2008 年 6 月 8 日中共中央、国务院发布《关于全面推进集体林权制度改革的意见》，提出从 2008 年开始，用 5 年左右时间，基本完成明晰产权、承包到户的改革任务，标志着中国集体林权制度改革进入全面推进阶段。2016 年国务院办公厅印发了《关于完善集体林权制度的意见》，明确了 2020 年的改革目标，明确要进一步明晰产权，加强林权权益保护，加强合同规范化管理，落实分类经营管理，科学经营公益林，放活商品林经营权，优化管理方式，积极稳妥林权流转，建立健全对工商资本流转林权的监管，培育壮大规模经营主体，建立健全多种形式利益联结机制，推进集体林业多种经营，加大金融支持力度，加强集体林业管理服务，完善社会化服务体系等深化改革的政策安排，标志着我国集体林权制度改革进入深化和完善阶段。本阶段林权制度深刻地影响着中国林业的现代化建设与发展，在中国林业由追求经济目标向追求经济、社会和生态三大效益协调多赢的转型发展阶段，林权制度改革成为促进林业发展、林业经济发展和农民林业纯收入提高的重要驱动力，这一阶段的林权制度改革还有力地促进了产权经营主体多元化的实现，加快了产权的界定、流转，保障了产权权益的实现，进一步解放了林业生产力（孔凡斌，2008）。

四、中国林业产权制度变迁的动因特征

任何一项制度的改革，都是在一定的社会经济背景下，由一系列因素诱发而成的，中国林权制度改革也不例外。为了从制度变迁的角度探索林权改革的动因，特构造了一个林权制度变迁的动因模型（图 2-1）。

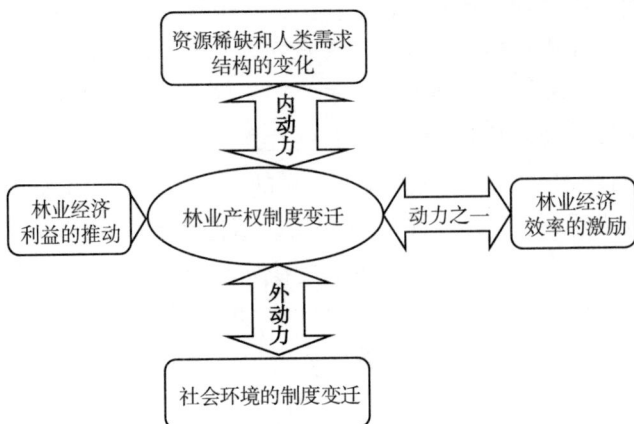

图 2-1　林权制度变迁的动因模型

1. 资源稀缺和人类需求结构的变化是中国林业产权制度变迁的内动力

从新中国成立到中国市场经济体制全面建立的 70 年里，社会经济发展水平决定了中国森林资源的稀缺度相对低下。对于农民而言，在温饱问题没有解决之前，耕地的经济效益远大于林地，林权问题自然得不到关注。但是随着经济发展和林业市场化程度提高引发的社会对林产品和森林环境需求的持续增长，从而引发森林资源稀缺度的提升，资源市场价值随之上升，国家实施重大林业生态建设和工程投入的大量财政资金以及开发利用和征用占用林地资源所带来的大量经营收益和补偿资金，意味着谁占有林地资源，谁就可能获取市场和政策变化带来的增益（张红霄，2007）。农民在耕地生产满足温饱需求之后，必然寻求增加收入以提升家庭收入水平和过上更好的物质生活。林地资源稀缺的事实及其经营收益凸现激发了农民对林地资源强烈的产权制度变革需求。在林权制度变迁中实施的采伐限额政策，启动实施天然林资源保护工程等制度变迁举措表明，阶段性地限制林业经营主体的采伐权、使用权和经营权，就是缘于林业资源稀缺和农民需求结构的变化。

2. 林业经济利益的推动

利益的刺激和诱导是林业产权制度变迁最重要的动力之一（叶剑利，2007）。在单一的公有制林权制度安排下，林农不能充分获取其林业生产经营的全部收益，尚存在着大量未被分配的潜在利润。在经济利益的驱动下，林农有着自发进行变迁制度安排的要求，即转变为非公有制的林权制度。在非公有制林权制度安排下，林农可以获得在单一公有制下无法获得的潜在利润，从而产生了制度变迁的内在必然性。新中国成立 70 年来，中国林权制度所经历的若干次改革，经济利益的追逐是其中关键性的动因。

3. 林业经济效率的推动

当产权主体拥有产权后，就可以保证其合理的预期收益和稳定的收入，从而有利于规范行为主体的行为活动，这就是产权的激励功能。就林业而言，林业经济效益的提高是林业产权制度变迁的重要动因（柯水发等，2004）。从政府的角度看，农业提高生产力的成功经验，使他们有信心将改革推广到林业部门，改革的动力来源于提高森林管理效率，增加林业投资以及推动林地资源规模化流转和经营，建立新型林业社会化服务体系，推广应用先进技术，有效提高造林成活率、森林管护水平和林地产出水平，进而最终带来林业生产力和林地经营效率的提高。林权制度变迁中的林业承包责任制改革、股份合作制及股份制改革、非公有制经济激励改革以及林业专业合作组织建设，就是缘于林业经济效率的推动作用。

4. 社会制度环境变迁从外部推动林权制度的变迁

随着社会环境的不断改善，市场经济制度的不断完善，过去那种以行政命令和指令性计划为特征的林业推进方式暴露出越来越多的问题。伴随着农村经济体制改革的深化，以前的计划经济模式与市场经济改革的要求之间的裂缝越来越大，实践呼唤着新机制的产生。实践证明，与市场经济制度相匹配的农民参与程度与水平是林业产权制度改革乃至林业发展的基石。在市场经济条件下，新型利益驱动机制是中国林业稳定和发展的根本。从某种意义上讲，1978年改革开放以来，中国林业产权制度改革正是适应了这种新时期制度创新的要求，应运而生（叶剑利，2007）。

五、中国林业产权制度变迁的绩效评价

1. 林权制度改革与森林资源保护的绩效

营林业具有生产周期长、自然风险大的特点，容易遭受病虫害、森林火灾的危害，其中，森林火灾是毁灭性的森林灾害，人为因素又是导致森林火灾的

重要因素。大部分学者认为林权制度改革对森林资源保护有正向的影响。实施林权制度改革政策后，森林资源由以前的集体所有变为村民的个人所有，使用权转移到了农户手中，农民对山林资源保护的意识发生了显著变化，森林保护由过去集体"他组织"向农户"自组织"模式转变，森林火灾防控由过去"要我防火"转变到"我要防火"，防控效果大不一样（孔凡斌、杜丽，2009）。张英、宋维明（2012）认为林权制度改革能够通过明晰产权、规范流转等措施促进森林资源的增长。张英、陈绍志（2015）研究发现，在全面推行林权制度改革后，森林火灾发生频率大幅度降低，森林病虫害发生面积也显著减少，因此，以明晰产权为核心的林权制度改革，能够有效地激励林农对森林资源的保护，从而避免了"公地的悲剧"现象的发生。还有学者通过分析中国第八次森林清查数据认为，林权制度改革促进了中国森林资源总量的增加、结构的改善以及质量的提高，并且森林的生态功能也会进一步加强（徐济德，2014）。陈永富等（2011）也通过对林改前后森林资源状况的比较，发现林权制度改革有利于森林资源数量的增加和质量的提高。也有学者认为林权制度改革给当地的生态环境造成不好的影响，短期丰林逐利的行为不利于林业的长期发展，抽水、抽肥、污染等对生态环境产生负面效应的问题已引发社会各界的关注（李怡、高岚，2012）。

2. 林权制度改革与林农收入增长的绩效

林农收入是衡量林权制度改革经济效益的重要指标之一。大部分研究认为，林权制度改革促进了农民林业收入增长，提高了林业收入在家庭收入中的贡献率，并且林业收入增长幅度明显高于非林业收入增长（王良桂、董微熙等，2010）。赵茂等（2018）根据农户收入方程，构建计量模型实证分析出林权制度改革显著正向影响农户收入。刘炳薪等（2019）基于 7 省林改监测面板数据发现，林权制度改革在一定程度上起到了促进农户对集体林生产经营投资的作用，从而增加了农户家庭林业总收入。张蕾和文彩云（2008）认为，林权制度改革通过确权发证，从法律上保障了农户经营山林的权利，从而减小了农户林地经营预期收益的不稳定性，调动了农户进行林业生产经营的积极性，增加了农户收入，提高了农民生活水平。曹兰芳等（2016）发现林权制度改革成效显著，林地资源不仅对农户有直接的收入效应，而且通过影响农户的林业经营投入行为影响农户林业收入。郭斌和陈本文（2019）认为我国南方集体林区改革的成效非常明显，是因为当地的林业市场发育较为充分，林农选择了生产较快、适销对路的林业经营项目（例如毛竹），南方集体林区林农的林业收入增长较为明显。荣庆娇等（2015）指出林权制度改革的实施主要还是作用于林业收入的增长，林业外以土地为基础的收入也有增长，但是增幅却略低于林业收入的增幅。有学者认为现阶段林农收入的增加，在很大程度上得益于林木、林地资源的直接变现，而不是林权制度改革所引起的新增财富（胡长清等，2008）。吉登艳等（2016）认为农户的林地产权完整性认知与农户的林业经营性收入紧密相关，抵押权完整性认知的提高有助于提高农户的林业经营性收入，但受配套体系不完善等因素的影响，农户持有抛荒权和使用权完整性认知提高并未促进农户获取更高的林业经营性收入，相反却产生负向作用。

3. 林权制度改革与林区社会发展的绩效

除了经济效益与生态效益，社会效益也是衡量林权制度改革的一个重要指标。林权制度改革后，林权纠纷的调处力度不断加大，很大程度上维护了农民财产的权益，缓和了社会矛盾，促进了社会的和谐、稳定（郭斌、陈文本，2019；邓阳锋，2013）。佟玉焕、黄映晖（2019）认为林权制度改革对于改善邻里关系、稳定农村社会秩序、提高林农就业率具有重要的促进作用，同时也强化了政府和林业管理部门的社会服务职能，推动了林区社会发展。徐晋涛等（2008）认为林权制度改革为农村剩余劳动力提供了可能的就业途径，林权制度改革促进农村劳动就业率的提高，带动了林区社会风气的好转。陈辛良等（2010）认为林权制度改革之后，林区的社会经济发生了较大的改变，产业结构也得到了调整，经营方式也变得更加灵活多样。另外，贺东航等（2008）认为林权制度改革还对村级民主产生了积极的影响，村民民主参与和参选意识大幅提高，村级事务决策更趋民主等。

第三章 1949—2019 年中国林业投资与经济扶持政策变迁及其绩效评价

林业作为基础产业和生态建设事业，对我国经济社会持续发展和国土生态安全保障起着至关重要的作用，国家财政投入和经济扶持林业发展至关重要。新中国成立以来，尤其是改革开放以来，随着经济快速持续发展与国家综合实力的全面提升，国家对林业建设和发展的投资保持着持续快速增长的良好态势，有力地保障了我国林业发展战略目标的实现，促进了林业生态建设和产业经济的持续发展。林业是具有基础产业和社会公益事业性质的综合行业，林业投资具有产业性和生态性双重属性。新中国成立 70 年来，中国林业发展资金的筹措、分配、管理和运行机制发生了重大变化，国家相继出台一系列林业补贴政策，提高多项林业补助标准，基本建立比较完整的以公共财政为核心的林业投资及经济扶持政策体系，林业投资有力地促进了中国林业经济的快速增长，提升和改善了林区和林业人口收入和生活水平，推动了林业生态建设工程的实施和生态环境的改善，林业投资与经济扶持政策的实施产生了巨大的经济、社会和生态效益。

一、1949—2019 年中国林业投资与经济扶持政策及主要内容

新中国成立 70 年来，中国林业扶持政策经历了从无到有，从单一到多样化，从封闭到开放，从适应计划经济体制到适应市场经济体制的过程。

1. 从新中国成立到改革开放前，这个阶段计划经济体制逐步建立并充分发展，在计划经济体制的背景下，林业扶持政策具有极深的计划经济烙印

为了鼓励华侨开发国有荒山荒地，投资办场，培育林木，1955 年颁布了《华侨申请使用国有的荒山荒地条例》。1961 年 12 月，林业部、财政部发布了《关于在国有林区建立"育林基金"的联合通知》，规定将更新费改为育林基金

制，并实行专款专用。1972 年 5 月，农林部、财政部颁发《育林基金管理暂行办法》，规定育林基金的管理原则是由省（区、市）统筹安排，用于发展林业。

2. 改革开放以后，我国经济体制经过十几年的改革与转型，林业扶持政策在适应市场化改革中逐步转变

这一阶段，改革成为我国林业的主题，1984 年 9 月六届全国人大七次会议通过《中华人民共和国森林法》，明确了国家对林业实行经济扶持的规定（主要是育林基金）。与此同时，我国开始实施林业信贷扶持政策，先后设立了林业、森工企业多种经营、治沙和山区综合开发政策性专项贴息贷款。这一政策对恢复与增加我国森林资源、改善生态环境、加强林业产业建设起到了十分重要的作用。1994 年，林业部制定《中国 21 世纪议程林业行动计划》，为中国林业确立了兼顾生态效益、经济效益和社会效益的发展方向。但是，改革开放之初的多年里，林权制度改革始终处于相对被动的地位，改革步伐相对滞后，尤其是关于市场经济条件下政府在林业建设中处于什么地位以及如何调动全社会的人力、物力、财力投入林业建设这一系列的重大问题尚未达成改革共识。为此，国务院关于经济体制改革的意见将深化林业、农垦、供销社体制改革作为我国经济改革的一个重点领域和关键环节，要求深入贯彻落实《中共中央　国务院关于加快林业发展的决定》，深化林业分类经营管理体制和森林资源管理改革，改革林业投资体制机制。

3. 20 世纪开始我国进入全面实施可持续发展新阶段，绿色发展成为时代主题，林业扶持政策的公共财政性质得以充分体现

随着可持续发展战略和西部大开发战略的实施，保护和发展森林资源，改善生态环境成为国家和社会对林业的主导需求，"三大效益并重，生态效益优先"成了林业建设的指导思想。天然林资源保护工程、退耕还林工程、京津风沙治理工程、"三北"防护林建设工程、野生动植物及自然保护区建设工程、速生丰产林建设工程等六大工程相继启动，国家加大了对林业生态建设的投入。1996 年林业部颁发《关于全国重点生态林业工程建设项目及投资使用管理暂行办法》，要求加大对生态林业工程建设资金、劳动、技术等投入力度，逐步建立完备的生态林业体系。2009 年国家林业局印发《国家林业局 2009 年工作要点》提出要加大林业资金投入，积极吸引社会投资，畅通林业投资渠道，完善林业投资政策。2017 年中国政府部门发布《关于推进绿色"一带一

路"建设的指导意见》，提出要提高对外合作的"绿色化"水平，建立"一带一路"生态环境保护制度，同时还发布《关于构建绿色金融体系的指导意见》，明确要引导资金投向绿色环保产业。

中国林业投资和林业经济扶持政策的主要政策文件和内容如表 3-1 所示。

表 3-1　1949—2019 年中国林业投资与经济扶持政策及主要内容

年份	政策文件或会议名称	主 要 内 容
1954	《育林资金管理办法》	建立国有林区育林基金制度
1955	《华侨申请使用国有的荒山荒地条例》	鼓励华侨开发国有荒山荒地，投资办场，培育林木
1957	《国有林场经营管理试行办法》	建设国营林场
1961	《关于在国有林区建立"育林基金"的联合通知》	更新费改为育林基金制，并实行专款专用
1972	《育林基金管理暂行办法》	规定育林基金由省市自治区统筹安排，用于发展林业
1981	《森林法》	建立林业基金制度
1983	《关于建立和完善林业生产责任制的意见》	确定林业生产责任制
1984	《中华人民共和国森林法》	补充了对林业实行经济扶持（主要是育林基金）
1986	《1986 年关于农村工作的部署（中发〔1986〕1 号）文件》	部分资源可与当地群众联营
1991	《中华人民共和国国民经济和社会发展十年规划和第八个五年计划》	加强林业建设
1996	《关于全国重点林业生态工程建设项目及投资使用管理暂行办法》	加大林业生态工程建设资金
1998	《关于做好 1998 年农业和农村工作的意见（中发〔1998〕2 号）》	加强生态环境建设
1998	《关于农业和农村若干重大问题的决定》	对过度开垦的土地有步骤地还林、还草、还湖
2003	《关于加快林业发展的决定》	确定林业发展的方向要以生态建设为主
2008	《关于全面推进集体林权制度改革的意见》	发展现代林业，生态工程建设全面展开
2009	《国家林业局 2009 年工作要点》	加大林业资金投入，完善林业投资政策
2017	《关于推进绿色"一带一路"建设的指导意见》	推动林业产业可持续发展和森林资源保护
2017	《关于构建绿色金融体系的指导意见》	引导资金投向绿色环保产业

二、1949—2019 年中国林业财政投资政策的变迁过程及阶段特征

财政政策是指政府为了达到预定的社会经济目标，依据客观规律和社会经济发展的要求制定的财政战略和财政策略。林业财政投入是指政府财政用于支持和发展林业的资金，是财政用于支持林业的一种资金投放方式。森林资源培养周期长、投入大，林业具有经济、生态和社会等功能的特点，林业具有明显的公共产品特征，这一特征往往导致市场失灵的出现，由此不可避免地导致市场对林业某些领域调节的失误和偏差。要推动林业可持续发展，必须对公共财政支持政策加以修正。新中国成立 70 年来，中国政府财政对林业的投资政策是随着经济发展的水平而逐步演变的，随着林业定位的改变，政府不断加大对林业的投入力度并改变了对林业的支持方式，政府投入促进了林业发展方式的转变，也加快了林业发展的进程。中国林业财政投资政策变迁的过程可以划分为以下四个基本阶段：从新中国成立到 1978 年，由于森林工业的定位，决定了这一时期林业财政政策表现为"重取"的特点，林业财政支出高度集中和统一；1978—1991 年，我国开始大规模的经济体制改革，这一时期的林业财政政策具有明显的转折性，这种转折促进了林业的快速发展；1992—2013 年期间的林业财政政策随着林业定位的变化而发生相应的调整，着眼点更多地关注了林业发展的生态功能，政府加强了扶持力度，林业进入前所未有的高速发展时期；2013 年至今，林业产业发展等支出方向的专项资金被全面统一规范，标志着中国林业财政支持政策管理体系的建立和完善。

第一阶段："统收统支"阶段（1949—1978 年）。这一阶段中国处于高度集权的计划经济时期，国家实行财政"统收统支"的管理政策，即实现的利润全部上交国家，亏损由财政拨补。这一时期的预算内投入实行高度集中、统一支出的管理办法，主要由基本建设投资和林业事业费及各种补助费组成，包括造林补助费、林业种子周转金、飞播造林补助费等。主要采用无偿拨款方式进行林业基本建设投资，由各级财政按预算关系负担林业事业单位的经费，并在林业事业费中安排了造林补助费。预算外投入由林业部门提取的育林基金和维简费组成。其中育林基金实行专款专用，由林业部门在财政部门的监督下统一管理使用，主要从林竹销售收入中按比例提取。这一时期国家对育林基金的管理制度进行了一系列调整，并于 1972 年统一了国有林区和集体林区育林基金

制度，规定凡是采伐国有林，一律按每立方米木材或每百根毛竹征收 10 元；凡是收购或组织采伐集体林，一律按每立方米木材或每百根毛竹征收 7 元。维简费是维持木材简单再生产和发展林区生产建设的资金，按木材产量每立方米 5 元从生产成本中提取。

从 1953 年起，由原林业部对木材产销实行统一经营管理。为此，原林业部成立了木材调运总局和木材公司，统一组织全国木材的生产、分配、调运和销售，统一管理木材价格以及木材的合理利用。高度集中的"统收统支"政策在发挥积极作用的同时，一定程度上抑制了市场经济的萌生和木材价格的合理构成；国家充当投资的唯一主体，政府统揽建设项目的决策权，企业仅仅是依附性的建设单位，缺乏激励机制和约束机制，使得"责、权、利"相互脱节。作为商品产业的林业和作为社会公益事业的林业完全统一于高度集中的计划经济管理体制之下，并按照同样的方式、同样的政策进行建设。而中国采取的重工业超前发展的战略，势必导致林业积累大量流向工业，大量的林业收入通过间接分配形式转出，这种长期的倾斜和投入的短缺，致使林区和企业的基础设施建设"先天不足"，并因长期价值补偿不足而失去自身发展的活力。

第二阶段："预算包干、结余留用"阶段（1979—1991 年）。这一阶段为投资体制改革的初步启动时期，即有计划的商品经济时期。十一届三中全会以后，林业的投资体制也开始了相应变革。1981 年 3 月，中共中央、国务院召开了全国林业工作会议。3 月 8 日，中共中央、国务院发布了《关于保护森林发展林业若干问题的决定》，推行以"稳定山权林权，划定自留山、确定林业生产责任制"为主要内容的林业"三定"工作，放宽了农村经济政策。1979—1986 年期间，国家对林业科研、教育等部门实行了"预算包干、结余留用"的管理方式，调动了职工当家理财、创收的积极性。自 1982 年起，森工企业开始实行承包经营责任制。1983 年森工企业开始执行利改税政策，税后利润留归企业自行支配，使企业有了稳定的收入来源。1982 年国家取消了对基本建设投资高度集中式的管理，同时下放中小项目的设计审批权限，1985 年全国林业和森林工业基本建设投资全部实行"拨改贷"，后来根据林业实际情况，实行贷款豁免政策。1988 年国家成立包括林业投资公司在内的 6 个专业投资公司，原林业部管理的森工经营性投资划归林业投资公司管理（1994 年成立国家开发银行，又将这部分投资划归开发银行管理）。此外，财政部于 1979 年设立了林业多种经营周转金；1980 年开始安排林木病虫害补助费；1981 年设立了支援不发达地区发展资金、飞播造林补助费和国有苗圃生产扶持资金；自

1986年起发放林业项目贷款，通过财政贴息方式把财政资金与信贷资金结合起来使用。由于多年开发利用、过度采伐等诸多原因，国有林区森工企业森林资源危机、经济危困局面从20世纪80年代中期开始日益显露出来。中共中央、国务院对此非常重视，经国务院同意，1986年10月6日国务院办公厅印发了《国务院办公厅转发关于研究解决国有林区森林工业问题会议纪要的通知》，提出了调减木材产量、逐年减少木材上调量、调整木材价格、增加育林基金提取比例、增加森工多种经营贴息贷款、减免部分产品税、增加林业投入等扶持政策。这些政策为扭转森工"两危"局面创造了条件。但是，由于改革未触及森工企业经营管理体制等深层次问题，森工企业"两危"的局面没有从根本上得到扭转。1987—1991年期间，国家对企业普遍实行财务包干办法，森工企业退出利改税，国有林区森工企业实行"收入不上交（或定额上交），支出不拨补，结余全留用"的财务包干办法；南方集体林区森工企业则实行所得税包干办法；中央直属森工企业实行"盈利不上交，亏损不拨补，结余全留用"的盈亏包干办法。企业之间的盈亏由林业部自行调剂，自求平衡。包干结余资金主要用于补充造林资金和弥补本级事业费的不足。在此期间，科技拨款制度成为林业科研改革的切入点，对林业教育事业单位则实行"经费包干、结余留用、超支不补、自求平衡"的预算管理方式，对国有林场、苗圃推行企业化经营管理。可以看出，这一阶段的政策主要是放权让利，包括纵向和横向，即中央对地方放权让利，政府对企业放权让利。原来单一国家财政拨款的状况得以改变，形成了多方面的投资渠道；传统的统收统支被财政的"分灶吃饭"和"基数包干"所取代；中央银行预算内相当一部分资金随着"拨改贷"，由拨款改为了贷款，地方部门以及企业筹集资金、支配资金的空间也大大扩展了。但是，由于长期注重单纯取材、追求短期经济利益的影响，这一阶段总体上对林业实行的依然是"重取轻予"的政策，这在很大程度上制约着中国林业建设事业的发展。

第三阶段：林业公共财政初建阶段（1992—2013年）。 随着1994年财税改革的全面推开，森工企业开始实行所得税政策，国家作为投资人享有所有者权益，参与企业利润分配。同时，在充分考虑国有林场、苗圃生态效益和社会效益的基础上，对国有林场和苗圃的生产性事业单位的性质予以了进一步明确。从1994年起，财政对林业使用国家开发银行基建硬贷款发放贴息资金，这也是国家财政支持林业发展的一项重要资金来源。同年，开设边境防火隔离带补助费。从1998年开始，开设贫困国有林场扶贫资金，用于贫困林场脱贫工作。1995 年 8 月，林业部制定，国家经济体制改革委员会和林业部联合颁发《林业经济体制改革总体纲要》，提出加快林业综合配套改革的步伐。2001年起，财政部和原国家林业局开展森林生态效益补助资金试点工作，以逐步解决全国生态公益林保护问题，并于 2009 年出台《中央财政森林生态效益补偿基金管理办法》，标志着森林生态补偿财政机制正式建立。2005 年，国务院办公厅发布《关于解决森林公安及林业检法编制和经费问题的通知》，明确森林公安编制统一列入政法专项编制，经费从 2006 年起列入各级财政预算。2007年，财政部、国家林业局印发《林业生态工程建设资金管理办法》，规范中央预算内固定资产投资补助资金的天然林保护工程、退耕还林工程、"三北"和长江流域等防护林体系建设工程、京津风沙源治理工程、野生动植物保护及自然保护区建设工程、湿地保护工程、林木种苗工程、重点森林火险区综合治理工程等林业生态工程资金管理制度。其间，原国家林业局先后出台《林业有害生物防治补助费管理办法》《林业国家级自然保护区补助资金管理暂行办法》《中央财政湿地保护补助资金管理暂行办法》《中央财政林业补贴资金管理办法》《林业生产救灾资金管理暂行办法》《中央财政森林公安转移支付资金管理暂行办法》《中央财政林业科技推广示范资金管理暂行办法》和《林业贷款中央财政贴息资金管理规定》等中央财政支持林业发展政策管理制度，从而初步建立起比较完善的林业财政投资政策管理体系。

第四阶段：林业公共财政完善阶段（2014—2019 年）。2014 年 4 月 30 日，财政部、国家林业局印发《中央财政林业补助资金管理办法》，就此前已经实施的森林生态效益补偿、林业补贴、森林公安补助、国有林场改革补助等中央财政支持林业发展政策管理规定进行了统一归并，初步形成了统一规范的中央财政支持林业资金管理制度体系。根据林业发展报告数据，2015 年，在经济压力加大、财政收入增长放缓的严峻形势下，全国林业建设投资略有下降，林业利用外资总额是近 10 年来的最低点。但中央和地方各级财政预算内资金依然保持增长趋势，对林业生态保护与建设资金投入仍保持了较高的增速，为加快我国林业改革发展和生态文明建设提供了重要保障。为了适应国家推进财政资金统筹使用改革和加强中央对地方专项转移支付管理的需要，2016 年，财政部和国家林业局联合印发《林业改革发展资金管理办法》，取代 2014 年的《中央财政林业补助资金管理办法》，就中央财政预算安排的用于森林资源管护、森林资源培育、生态保护体系建设、国有林场改革、林业产业发展等支出方向的专项资金进行了全面统一规范，标志着中国林业财政支持政策管理体系的建立和完善。

三、1949—2019 年中国林业投资机制变迁过程及阶段特征

1. 中国林业财政投资的方向转变

林业投资机制是林业建设和发展资金的运行管理模式以及促进模式形成的驱动力，具体包括林业投资的筹措机制、分配机制和投资方向形成机制，资金筹措和分配机制又由市场机制、政府机制以及混合机制构成，投资方向机制主要划分为生态性和产业性投资形成机制。从资金筹措机制角度看，中国林业投资主要来源于政府财政、国内外银行、相关企业、林业部门和单位、集体和个人以及国内外援助等，包含了政府和市场两类投资主体。在不同的历史时期，国家宏观经济体制的变化，尤其是宏观投资体制的变迁力量，带动林业投资体制以不同速度和规模朝着符合林业发展规律的方向变动着。

在社会主义计划经济和商品经济体制时期，林业产业作为中国重要战略原料生产行业被予以重视，并得到了国家财政的长期支持。但是，随着中国社会主义市场经济的建立和不断完善，政府财政职能发生了重大转变，投向竞争性产业的资金逐渐减少，领域更加集中，结构更趋于战略性和垄断性。林业产业整体上属于非关键性产业，其发展更多地要依靠市场的力量。在激烈的市场竞争环境下，林业产业发展的资金将主要通过市场机制获得。由于历史欠账太多以及林业产业发展内在的资源约束性、投资长期性、收益风险性和经营管理体制弱质性等不利条件的限制，林业产业发展在资金市场化竞争中处于弱势地位，集中表现在商品林和林产工业建设资金供给相对不足，资金市场化成本大，国有林业企业转换机制步伐缓慢，市场意识相对淡薄，市场化融资机制尚未形成等等。因此，中国林业产业发展资金同样面临着不少困难。

进入市场经济时期，中国林业投资方向发生了深刻的变化，最为突出的表现就是生态性投资日益成为中国政府财政支出的重点之一，且支持力度逐渐加大。林业生态性投资财政机制的转变，为中国林业主导功能由产业型向公益事业型转变提供了相对宽松的发展环境；同时受国家财政总量供给结构非均衡性影响，生态林业建设资金面临来自不同行业和不同领域的竞争，林业生态性资金总量需求和结构性供给矛盾突出，林业生态性财政资金投入占国家公共财政投入总量比例增长乏力。1999 年国家相继启动了包括天然林资源保护、退耕还林等重点生态建设工程，财政对生态林业的投入呈现出跳跃性增长，但仍集中在工程建设上，投向后续管护的资金比例很低，资金结构性短缺问题仍然未

得到有效解决。因此，在新的国家公共财政支出体制下，林业生态投入资金筹措还面临着诸多挑战。

2. 中国林业生态性财政投资机制的形成与发展

1979—1993 年期间，中国先后启动了"三北"防护林体系工程、长江流域防护林体系工程、太行山绿化工程、沿海防护林体系工程、平原绿化以及京津风沙源治理工程等六大林业生态工程建设项目，推动了营林投资生态化进程。在营林投资中，生态建设工程的投资占林业基本建设投资比重稳步上升。

以 1997 年珠江流域防护林体系工程、1998 年天然林保护工程以及 1999 年退耕还林工程三大林业生态工程启动为标志，中国林业投资的生态化特征终告形成。

在林业基本建设投资中，生态专项投资比重大幅度上升，1998 年增幅达到 127.17%。1996—2005 年 10 年间生态投资总量超过 1763 亿元，为新中国成立以来生态投资总量的 97.8%。上述生态投资中 80% 以上的资金来源于国家财政性支出，且主要是支持林业十大生态重点工程的资金需求。林业建设的重点向生态工程项目迅速转移，标志着中国林业生态性投资财政机制逐步走向成熟。

2007—2016 年 10 年间，国家进一步规范天然林保护工程、退耕还林工程、"三北"和长江流域等防护林体系建设工程、京津风沙源治理工程、野生动植物保护及自然保护区建设工程、湿地保护工程、林木种苗工程、重点森林火险区综合治理工程等林业生态工程中央财政支持政策管理制度，建立和完善了中央财政预算安排的用于森林资源管护、森林资源培育、生态保护体系建设、国有林场改革、林业产业发展等支出方向的专项资金管理规范，标志着中国林业生态财政资金管理体系趋于规范和完善。

3. 中国林业投资规模与结构变迁过程及阶段特征

1950—2005 年 55 年间，中国林业投资结构发生了深刻的变化，总体上表现为森工投资比重逐步下降，营林性投资总量和比重逐步上升，并超过森工投资水平。其中，1950—1990 年 40 年间，中国 50% 以上的林业投资用于森工企业建设，营林资金的投入一直保持在一个比较低的水平。从 1981 年开始，林业投资的整体特征表现为：林业投资总量稳定上升，林业基本建设投资增长加速。随后的 30 年间，营林投资增长率一直以超过森工投资增长率的速度攀升，且增长的营林资金主要用于满足中国人工用材林造林、抚育以及采伐迹地更新改造的需求，到 1991--1995 年"八五"计划期间总投资第一次突破百亿元大关。以 1997 年珠江流域防护林体系工程、1998 年的天然林保护工程和 1999 年退耕还林工程三大林业生态工程启动为标志，我国林业投资的生态化特征终告形成。1996—2000 年林业投资总额突破 300 亿元大关，营林生产投入比例超过森工投资比例，营林投资平均增长速率第一次超过 60％。林业基本建设投资规模增长趋势在很大程度上证明了我国政府财政能力以及政府对林业建设和发展的重视程度的变化，林业投资规模的增长为中国森林资源规模增长和质量提升提供了必要条件。

四、1949—2019 年中国林业信贷扶持政策变迁过程及阶段特征

经济性扶持政策主要是指财政上的林业预算、财政补贴和税收优惠，以及信贷政策安排的特定的资金来源、低息和贴息贷款、贷款期限。对于林业的预算和财政补贴方面，各级林业主管部门及其事业单位的行政事业经费，必须纳入同级财政预算，确保及时足额拨付。取消现行的森工行业管理费，各级森工行业管理部门的事业费由同级财政部门通过预算予以安排。加大对公益林业建设和林业基础设施建设的投入，确保各级林业工作站、森林资源监测、林木种子管理、森林防火、森林病虫害防治、林地和野生动植物保护、木材检查、林业科研和技术推广等林业事业所需经费纳入各级政府公共财政预算，并优先安排。在投资渠道和管理原则不变的前提下，要统筹安排，向林业建设倾斜。国家林业重点工程建设资金中，规定需地方配套的，各级政府必须按要求予以解决。对各种社会造林，各地应视财力给予适当补助，各级政府要安排一定的专项资金，扶持林业产业建设。设立森林生态效益补偿基金，专项用于地方公益林的建设和管理。森林生态效益补偿基金纳入各级财政预算，并逐年增加资金规模。此外，还应该对育林管理办法进行改革，逐步将育林返还给林业生产经营者，把基层林业管理单位育林出现的经费缺口纳入财政预算，并逐步建立林业信托制度。

在林业的税收优惠方面，对于从事林业项目的企业一般要免征或者是减征所得税；对以木材生产剩余物及次小薪材为原料生产加工的综合利用产品实行增值税即征即退；对属于国家产业结构调整指导目录鼓励类投资项目的部分进口自用设备，免征进口关税和进口环节增值税；鼓励有条件的林业企业"走出去"，在资金、信贷等方面给予支持。在林业财政金融方面，政策性银行将提

供符合林业特点的金融服务，适当延长林业期限。比如，对速生丰产用材林和工业原料林基地建设项目年限可以延长到 20 年，甚至更长；对林业产业化龙头企业期限可以延长到 5 年，甚至更长。此外，还应该大力推广建立面向林业职工个人的小额和林业小企业扶持机制。中央财政将对林业龙头企业的种植业、养殖业以及林农和林业职工林业资源开发等项目给予贴息。多种形式的林业信贷担保机制和林业保险机制将逐步建立起来，以增强林业产业项目抗风险能力。为推进森林、林木和林地使用权流转，政策将鼓励林业借款人以森林、林木和林地使用权作为抵押物向银行申请贷款，并落实森林资源资产抵押登记办法。

新中国成立 70 年来，中国林业信贷扶持政策变迁过程可分为以下四个阶段：

第一阶段：计划阶段（1986—2001 年）。 20 世纪 80 年代中期中国开始建立林业贴息贷款为核心的林业信贷扶持政策，1986—1995 年期间，国家主要是对林业专项贷款进行贴息。1986 年，我国实行林业贴息贷款政策，中国农业银行、林业部和财政部联合颁布《关于发放林业项目贷款的联合通知》，中央和地方财政对速生丰产林、经济林、中幼林抚育和林业多种经营给予贴息贷款，由中国农业银行负责组织发放；1990 年林业部颁布的《关于当前产业政策要点的决定》，新增用材林、名特优经济林等基地建设贴息贷款；1994 年财政部、林业部联合颁布的《关于加强林业项目贴息贷款和治沙贴息贷款管理的联合通知》和 1995 年林业部、财政部、中国农业银行联合颁布的《关于调整林业项目贷款利息承担额的通知》，把国有林企、集体林场等的林业项目贷款和治沙贴息贷款纳入贴息范围，实行政策性贷款管理。截至 1996 年，国家财政林业项目贴息贷款共计 65.7 亿元。发放林业项目贴息贷款、治沙贴息贷款和山区综合开发贴息贷款以及森工多种经营贴息贷款，构成国家财政贴息贷款政策的主要内容，对林业发展予以扶持，该专项贷款是计划经济体制下实行信贷规模管理的产物。至 2001 年，伴随着中国金融体制的重大改革，林业行业的林业、森工企业多种经营、治沙和山区综合开发专项贷款信贷政策宣告终结，从此开启了按商业贷款政策发放林业贷款的新阶段。

第二阶段：商业贷款起始阶段（2002—2004 年）。 21 世纪初林业贴息贷款扶持范围进一步扩大、力度加强。同时，2002 年，财政部制定《林业治沙贷款财政贴息资金管理规定》，明确自 2003 年起对用于速生丰产林工程造林贷款项目、林区农民经济林造林贷款项目、沙区以治沙为目的的种植业及综合利用项目的商业贷款予以贴息，引导信贷资金参与林业生态环境建设。这项新的扶持政策有效推进了中国林业贷款政策从计划经济体制向市场经济体制的转变。

第三阶段：市场化推进阶段（2005—2008 年）。为了深入贯彻落实《中共中央、国务院关于加快林业发展的决定》精神，进一步完善与市场经济相适应的林业贴息贷款扶持政策，2005 年，财政部、国家林业局联合出台《林业贷款中央财政贴息资金管理规定》，以改变过去中央财政只对中国农业银行发放的林业贷款给予贴息的状况，并首次将各类银行包括农村信用社发放的林业贷款和非公有制林业龙头企业林业贷款以及天然林保护、退耕还林等重点生态工程后续产业项目纳入贴息范围，打破了非公有制企业林业贷款不予贴息的限制，这是中国林业贴息贷款政策划时代的重大突破。这项新的信贷政策进一步加快了现代林业信贷体系的市场化进程，对积极引导金融资本和各类社会资本投入林业建设领域产生了重大而积极的影响。

第四阶段：市场化重大突破阶段（2009—2019 年）。为了深入贯彻落实《中共中央、国务院关于全面推进集体林权制度改革的意见》要求，积极推进林权抵押贷款和林农小额贷款等集体林权制度配套改革，2009 年，财政部、国家林业局联合修订出台《林业贷款中央财政贴息资金管理办法》，规定除继续对各类银行和农村信用社发放的林业贷款予以贴息外，首次将非银行业金融机构——小额贷款公司发放的林业贷款纳入贴息范围，将林业小额造林贷款贴息期限延长到 5 年；将林业贷款贴息率由原来的 2% 提高到了 3%，达到当时财政部规定的贴息率最高限。同时，明确要求地方财政建立相应的贴息政策，纳入当地财政预算，为各地争取配套贴息资金创造了有利条件。另外，又进一步拓宽了补贴范围，将各类经济实体营造的木本油料经济林和沙区、石漠化地区的种植业贷款、自然保护区和森林公园开展的森林生态旅游项目也纳入贴息范围。伴随着林权制度改革的深入推进，林业贴息政策着眼于服务林权制度改革大局和新的形势需要再次取得突破。

五、1985—2019 年中国林业利用外资政策变迁过程及阶段特征

1. 林业利用外资阶段性变化特征

20 世纪 80 年代中期，中国政府制定了到 2000 年建设 1 亿亩集约经营人工林的规划。正是在这一阶段，中国林业外资项目开始起步。1985 年，中国林业首次引进世界银行贷款，实施"国家造林项目"。项目实际完成总投资

5.57 亿美元，其中引进世界银行信贷 3.28 亿美元，这是中国开始最早、实施时间最长的林业外资项目，目前已进行到第五期。自 1985 年首次引进世界银行贷款项目以来，我国林业已与世界银行、亚洲开发银行、欧洲投资银行等多个国际金融组织开展了全方位、多领域、深层次的项目合作，林业利用外资形成多元格局、发挥多重效益。目前，我国实施林业国际金融组织项目共计 26 个，其中世界银行项目 10 个、亚洲开发银行项目 4 个、欧洲投资银行项目 12 个，累计利用国际金融组织贷款 20.23 亿美元，带动国内配套资金 126.14 亿元，实现总投资 264 亿元，受贷省份达 23 个，覆盖全国 600 多个县（市、区），其中国家级、省级贫困县占 1/3 以上。项目共完成人工造林 1.19 亿亩，累计增加林木蓄积量近 5.5 亿立方米，可提供木材 3.3 亿立方米。

我国林业国际金融组织项目弥补了项目区资金不足、引领了项目区创新示范、促进了项目区农民脱贫、增加了项目区木材储备、改善了项目区生态环境。林业国际金融组织项目发展到今天，成效和影响开始走出国门，受到有关国际金融组织和国内主管部门的高度重视和充分肯定。世界银行将我国"林业发展项目"和"国家造林项目"的成功案例，作为新技术转让和良好管理的典范在发展中国家推广。30 余年来，中国林业引进外资走过三个基本阶段（中国绿色时报，2018）。

第一阶段：初始合作阶段（1985—2000 年）。该阶段利用外资建设重点以用材林为主，辅以发展部分经济林、竹林和多功能防护林。这个阶段国际贷款金额为 44 亿元，占同期国内营林基本建设投资的 23%。

第二阶段：稳步发展阶段（2001—2010 年）。该阶段利用外资重点支持可持续发展、生物多样性、应对气候变化等重点领域。这个阶段国际贷款金额约为 77 亿元，占同期国内营林基本建设投资的 9%。

第三阶段：深度合作阶段（2011—2019 年）。该阶段林业国际贷款规模稳定并有所增长，利用外资领域继续拓展，同时，与世界其他发展中国家开始共享中国林业发展的经验和成果，引导国内外金融资本开展林业合作。

2. 中国林业利用外资发展成效与变化特征

随着中国国力增强、影响力扩大和全球治理体系调整，林业利用外资正在发生变化。首先，中国与国际金融组织合作的角色发生了变化，已从最大的受援国向股东国、捐款国、合作发展伙伴国和发展经验来源国的角色转变，国际金融组织对中国的倚重增加，中国话语权逐步提高。中国与国际金融组织的项目合作已不再是简单的资金合作，不再停留在借贷与还贷的层次。国际金融组织更多希望借助中国项目发展案例，丰富国际社会发展实践，为国际社会分享我国发展经验和创新成果提供模式和借鉴。其次，中国与国际金融组织合作的对象发生了变化。随着欧洲投资银行的进入、亚洲基础设施投资银行的创立、金砖开发银行的开业，中国林业与国际金融组织的项目合作不再局限于世界银行、亚洲开发银行，与国际金融组织项目合作的选择更加多样，对国际金融组织的影响力和吸引力日益增强，项目条件更加符合中国的自主发展需求。再次，中国与国际金融组织合作的目标发生了变化。森林和林业问题已超出了一国范围，国际社会迫切要求携手应对人类共同面临的生态环境问题。国际金融组织在参与全球生态治理中，越来越离不开中国的参与，更少不了中国林业发挥作用。林业国际金融组织贷款项目不只是解决区域发展的具体问题，而是服务中国外交大局，维护国家利益，充分发挥中国林业在应对气候变化、维护木材安全、保护生物多样性等应对全球挑战方面的独特作用。

六、1949—2010 年中国林业投资规模与结构变迁及特征分析

　　表 3-2 列出了历次中国政府林业基本建设投资规模与结构变动。从表中可以看出政府对于林业基本建设投资有两个基本特征：一是投资总量与规模不断增加，且主要体现在投资总额和营林投资额的增加上。从绝对量上看，中国政府对林业基本建设投资总额从 1950 年的 1010 万元增加到 2010 年的 7327541 万元，营林投资从 1953 年的 512 万元增加到 2010 年的 6909319 万元，森工投资也有所增加，但是相对于营林投资来说，增加的幅度不大。二是投资结构的重大转变，即林业投资结构从以森工建设为主向以营林建设为主转变。营林投资 1953 年的比重只有 4%，从 1996 年比重为 51% 超过森工之后，到 2010 年为 94%，森工比重只有 6%。自 1949 年新中国成立之初，林业基本建设资金全部用于森工基本建设投资，用于营林建设投资资金为零，林业投资的目的是建立国有森林工业以满足工业对原材料的需求和人们日常生活需要，政府对林业投资的规模小，且投资结构严重失调。之后，中国经济有了一定的发展，国家工业发展和人们生活对于木材的需求日益增加，国家开始加大对林业基本建设的投资，并且开始注重营林基本建设，但是对营林建设的投资主要是为了增加木材的供应量，对林业的生态效益要求不高。1996 年营林投资占总投资的

51％，首次超过森工投资，标志着中国林业投资方式的转变，中国进入以生态林业建设发展为主的新时期。

林业投资呈现这两个特点的主要原因：一是随着国家国民经济的发展，林业持续向工业提供原材料等资源，作为国民经济的基础产业，林业发展已经严重滞后，严重地影响了中国农民收入的提高、经济的可持续发展和建设和谐社会。国家现在已经有能力让工业反哺农业，城市反哺农村，所以近几年来，国家持续并大力度地对林业进行投资。二是人们对林业的认识程度不断加深，林业的生态效益和社会效益已经普遍地被重视，相对于经济效益来说，社会对林业的生态效益和社会效益的需求更为突出，由于森林资源的外部性和森林产品的公共物品属性，使得政府不得不对营林基本建设进行大规模的投资，而对于森工建设投资则相对较少（李彦良，2013）。

表 3-2　中国政府历年林业基本建设投资规模与结构变动（1950—2010 年）

年份	政府投资总额投资（万元）	营林基本建设投资（万元）	营林投资比重（％）	森工基本建设投资（万元）	森工比重（％）
1950	1010	—	—	1010	1.00
1951	1666	—	—	1666	1.00
1952	5524	—	—	5524	1.00
1953	13874	512	0.04	13361	0.96
1954	12415	423	0.03	11992	0.97
1955	11483	725	0.06	10758	0.94
1956	17733	7507	0.42	10226	0.58
1957	21393	3332	0.16	18061	0.84
1958	32666	3787	0.12	28879	0.88
1959	51648	7765	0.15	43882	0.85
1960	74052	13796	0.19	60257	0.81
1961	31284	6460	0.21	24824	0.79
1962	29085	6990	0.24	22095	0.76
1963	52506	13892	0.26	38614	0.74
1964	68759	19278	0.28	49481	0.72
1965	69974	16568	0.24	53406	0.76
1966	62657	13558	0.22	49099	0.78

（续）

年份	政府投资 总额投资 （万元）	营林基本 建设投资 （万元）	营林投资 比重（%）	森工基本 建设投资 （万元）	森工比重 （%）
1967	44232	13881	0.31	30351	0.69
1968	34054	11742	0.34	22312	0.66
1969	39680	11179	0.28	28501	0.72
1970	42977	9713	0.23	33264	0.77
1971	50339	9973	0.20	40366	0.80
1972	58055	12983	0.22	45072	0.78
1973	64052	16089	0.25	47963	0.75
1974	63436	16325	0.26	47111	0.74
1975	55519	15491	0.28	40028	0.72
1976	49659	15087	0.30	34572	0.70
1977	46008	15143	0.33	30865	0.67
1978	65369	15692	0.24	49677	0.76
1979	90758	34416	0.38	56342	0.62
1980	68481	28797	0.42	39684	0.58
1981	61025	21747	0.36	39278	0.64
1982	68432	22529	0.33	45903	0.67
1983	73557	26435	0.36	47122	0.64
1984	81782	30891	0.38	50891	0.62
1985	78732	31375	0.40	47357	0.60
1986	81753	29510	0.36	52243	0.64
1987	97348	32720	0.34	64628	0.66
1988	91504	36758	0.40	54746	0.60
1989	90604	36305	0.40	54299	0.60
1990	107246	46327	0.43	60919	0.57
1991	134816	53691	0.40	81125	0.60
1992	138679	55936	0.40	82743	0.60
1993	142025	54300	0.38	87725	0.62
1994	141198	59283	0.42	81915	0.58
1995	179222	73435	0.41	105787	0.59

（续）

年份	政府投资总额投资（万元）	营林基本建设投资（万元）	营林投资比重（％）	森工基本建设投资（万元）	森工比重（％）
1996	176439	90844	0.51	85595	0.49
1997	187715	121998	0.65	65717	0.35
1998	369898	305910	0.83	63988	0.17
1999	593752	575578	0.97	18174	0.03
2000	1124523	1101385	0.98	23138	0.02
2001	1538650	1514627	0.98	24023	0.02
2002	2511947	2487550	0.99	24397	0.01
2003	3123465	3092898	0.99	30567	0.01
2004	3220609	3198943	0.99	21666	0.01
2005	3505284	3483792	0.99	21492	0.01
2006	3648702	3628972	0.99	19730	0.01
2007	4401896	4371272	0.99	30624	0.01
2008	5058608	5008011	0.99	50597	0.01
2009	7070314	6822495	0.96	247819	0.04
2010	7327541	6909319	0.94	418222	0.06

七、1949—2019 年中国林业投资促进造林规模增长的绩效评价

经过 70 年的政府财政投资，我国森林资源总量快速增长，扭转了林业发展基础薄弱的局面。人工林保存面积居世界首位，森林覆盖面积比新中国成立初期提高了 1 倍多，为区域和全球生态保护作出了积极贡献。森林质量稳定提高，林业产业发展势头良好，生态环境大大改善。林业总产值增长迅速，林业基础设施建设成效显著。

图 3-1 显示了 1949—2018 年中国造林面积增长情况（以《中国第三产业统计年鉴》《中国环境统计年鉴》《中国林业统计年鉴》《中国统计年鉴》和《新中国五十年农业统计资料》为数据来源，对数据进行了统计口径的统一规范）。图中数据显示，自 1949 年以来，中国年度造林面积整体呈上升趋势。

万公顷

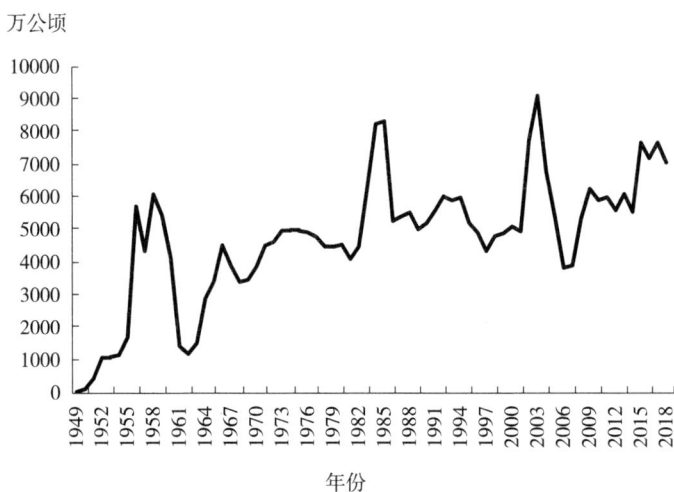

图 3-1　1949—2018 年全国造林面积增长情况

1949—1981 年，国家开展了大规模的植树造林，造林的重点由初期以营造防护林为主，逐步发展到以营造用材林为主。新中国成立初期全国年均造林面积 44.43 万公顷左右，1981 年提高到近 4110.1 万公顷。1981—1998 年，中国林业进入加速发展的新的历史时期，国家通过集体林区产权制度改革调动了群众造林的积极性，实施"三北"防护林二期工程等多项林业生态治理和建设工程，加强重点流域和重点地区的防护林体系建设，植树造林力度进一步加大，造林面积维持在每年 5000 万公顷上下，特别是在南方集体林区改革初期，造林面积曾经突破 8000 万公顷。1998 年长江洪灾后，林业进入了由以木材生产为主向以生态建设为主转变的新的历史时期，国家相继启动了天然林资源保护工程、退耕还林工程、京津风沙源治理工程、"三北"和长江流域等地区重点防护林体系建设工程、野生动植物和自然保护区建设工程、速生丰产用材林基地建设工程等六大林业重点工程。在重点工程的带动下，全国造林面积大幅度提升，最高年份超过了 9000 万公顷。2018 年年度造林面积在 7070 万公顷左右。全国自 1949 年以来累计造林 33.16 亿公顷。

八、1949—2019 年中国林业投资促进林业经济增长的绩效评价

林业投资与林业经济发展增长相伴而行。表 3-3 是中国林业投资完成额的

数据（数据来源于《中国林业统计年鉴》）。从表中可以发现，1950—1977 年期间，林业基本建设投资全部由国家投资且投资总额小并且波动也比较大。进入社会主义过渡时期，林业投资依然以政府投资为主，其中 1953—1958 年期间林业基本建设投资全部由国家投资，1959 年社会资金开始进入林业，由此导致从 1960 年开始林业基本建设国家投资所占比重有所减少，同时国家投资规模出现增长，平均年增长率为 30%。1981—1997 年期间，中国实行改革开发政策，政府林业投资规模不断调整并逐年增加，从 1981 年的 64928 万元到 1997 年的 198908 万元，同时政府投资比重开始显著下降，到 1997 年该比重降到了 26%，更多的社会资金进入林业。林权制度改革推动了社会资金以国内贷款、利用外资、自筹资金等形式快速大规模地进入林业，为林业可持续发展奠定了基础。从 1999 年开始，国家对林业投资规模飞速增长，年均增长率为 36%，从 1998 年的 374386 万元到 2010 年的 7452396 万元，其中国家投资的比重逐步上升，2004 年达到 78%，从 2008 年开始下降并基本维持在 53% 左右。这时期林业投资增长的主要原因是政府向六大生态工程注入大量资金，同时更多社会资金进入林业，扩大了林业投资总规模。

表 3-3 全国历年林业投资完成情况

年份	林业投资完成额（万元）	其中：国家投资（万元）	国家投资所占比例（%）
1950 —1977	1453357	1105740	76.08
1978	108360	65604	60.54
1979	141326	91364	64.65
1980	144954	68481	47.24
1981	140752	64928	46.13
1982	168725	70986	42.07
1983	164399	77364	47.06
1984	180111	85604	47.53
1985	183303	81277	44.34
1986	231994	83613	36.04
1987	247834	97348	39.28
1988	261413	91504	35.00
1989	237553	90604	38.14
1990	246131	107246	43.57

（续）

年份	林业投资完成额 （万元）	其中：国家投资 （万元）	国家投资所占比例（%）
1991	272236	134816	49.52
1992	329800	138679	42.05
1993	409238	142025	34.70
1994	476997	141198	29.60
1995	563972	198678	35.23
1996	638626	200898	31.46
1997	741802	198908	26.81
1998	874648	374386	42.80
1999	1084077	594921	54.88
2000	1677712	1130715	67.40
2001	2095636	1551602	74.04
2002	3152374	2538071	80.51
2003	4072782	3137514	77.04
2004	4118669	3226063	78.33
2005	4593443	3528122	76.81
2006	4957918	3715114	74.93
2007	6457517	4486119	69.47
2008	9872422	5083432	51.49
2009	13513349	7104764	52.58
2010	15533217	7452396	47.98
2011	26326068	11065990	42.03
2012	33420880	12454012	37.26
2013	37822690	13942080	36.86
2014	43255140	16314880	37.72
2015	42901420	16298683	37.99
2016	45095738	21517308	47.71
2017	48002639	22592278	47.06

近几年来，我国林业投资规模继续保持稳步增长的态势。2018 年，全国林业投资完成额达到 4817 亿元，与上年基本相同。其中国家投资达到了 2432 亿元，比 2017 年增长 7.67％。按资金来源分，在全部林业投资完成额中，中

央财政资金、地方财政资金和社会资金（含国内贷款、企业自筹等其他社会资金）的结构比约为 1：1：2。2018 年林业投资中央财政资金投资 1144 亿元，占比 23.75％；地方财政投资 1288 亿元，占比 26.74％。国家资金投资重点用于造林抚育与森林质量提升工程。社会资金包括国内贷款、企业自筹、利用外资等，实际完成投资 2385 亿元，占比 49.51％。其中 74.51％的资金用于木竹制品加工制造、林下经济、林业旅游等重点林业产业领域。2018 年林业实际利用外资金额 2.61 亿美元，比 2017 年降低 20.18％，占全国实际使用外资（FDI）金额（1350 亿美元）的 0.2％。

从林业投资建设内容上看，用于生态建设和保护投资达到 2126 亿元，用于林业产业发展投资 1926 亿元，用于林木种苗、森林防火、有害生物防治、林业公共管理等林业支撑与保障方面的投资为 608 亿元，用于林业社会性基础设施建设等其他资金 157 亿元。

表 3-4　1949—2019 年人工造林面积、林业产业总产值和林业投资完成额

年份	人工造林（万公顷）	林业产业总产值（万元）	林业投资完成额（万元）
1949 —1952	170.73	—	—
1953	111.29	360000	—
1954	116.62	400000	—
1955	171.05	380000	—
1956	572.33	500000	—
1957	435.51	530000	—
1958	609.87	620000	—
1959	544.27	770000	—
1960	413.69	780000	—
1961	143.23	420000	—
1962	118.87	399000	—
1963	151.60	410000	—
1964	289.32	510000	—
1965	340.32	520000	—
1966	435.18	580000	—
1967	354.10	510000	—
1968	285.88	420000	—
1969	275.33	500000	—

（续）

年份	人工造林（万公顷）	林业产业总产值（万元）	林业投资完成额（万元）
1970	297.65	580000	—
1971	340.44	680000	—
1972	347.33	820000	—
1973	392.55	910000	—
1974	411.47	980000	—
1975	443.77	990000	—
1976	432.31	1100000	—
1977	421.85	1130000	—
1978	412.57	1220000	108360
1979	391.03	1300000	141326
1980	394.00	1372000	144954
1981	368.10	1444000	140752
1982	411.58	1528333	168725
1983	560.31	1817143	164399
1984	729.07	2382353	180111
1985	694.88	2859091	183303
1986	415.82	3143750	231994
1987	420.73	3580645	247834
1988	457.48	4588333	261413
1989	410.95	4913793	237553
1990	435.33	5898214	246131
1991	475.18	6812963	272236
1992	508.37	8126923	329800
1993	504.44	9880000	409238
1994	519.02	13375000	476997
1995	462.94	17747500	563972
1996	431.50	22228571	638626
1997	373.78	27260000	741802
1998	408.60	32742308	874648
1999	427.69	35452000	1084077
2000	434.50	39020833	1677712

（续）

年份	人工造林（万公顷）	林业产业总产值（万元）	林业投资完成额（万元）
2001	397.73	40904753	2095636
2002	689.60	46342420	3152374
2003	843.25	58603258	4072782
2004	501.89	68922066	4118669
2005	322.13	83852941	4593443
2006	244.61	106522163	4957918
2007	273.85	125334211	6457517
2008	368.43	144064129	9872422
2009	415.63	174937336	13513349
2010	387.28	227790232	15533217
2011	406.57	305967308	26326068
2012	382.07	394509075	33420880
2013	420.97	473154396	37822690
2014	405.29	540329423	43255140
2015	436.18	593627135	42901420
2016	382.37	648860444	45095738
2017	492.95	712670717	48002639

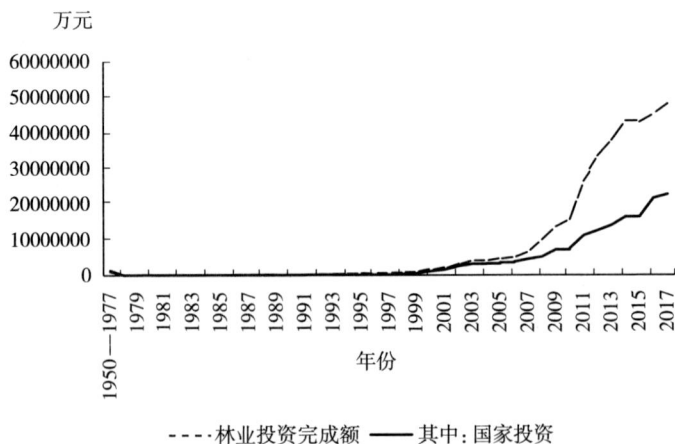

- - - - 林业投资完成额 —— 其中：国家投资

图 3-2　林业投资完成额及国家投资

图 3-4 显示，在新中国成立之初到改革开放前，林业经济的增长处于波动

图 3-3 国家投资所占比例

期，受到"大跃进"和"文化大革命"的影响，林业经济的增长在 1960 年和 1966 年也出现过断崖式的下跌。改革开放之后，林业投资和造林面积都得到了进一步的增加，特别是 1981 年国务院作出《关于保护森林发展林业若干问题的决定》之后，全国造林规模不断加大，森林资源进入快速增长阶段，同期林业经济增长率在 1983 年也达到峰值。1998 年开始，实施天然林保护工程和退耕还林工程等一系列林业生态工程进一步推动了林业经济的稳步增长，并在 2011 年左右达到峰值。

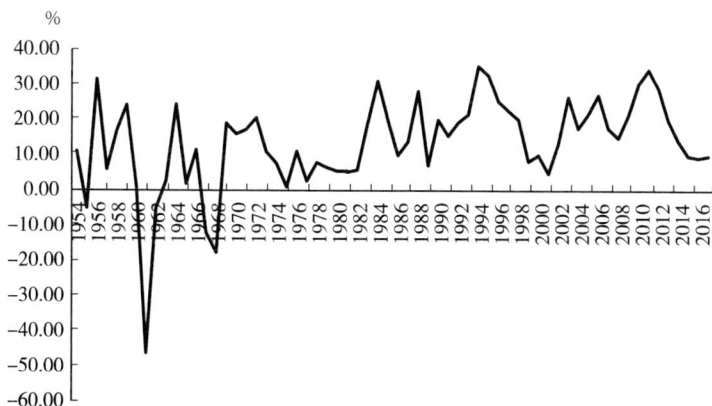

图 3-4 1954—2016 林业经济增长率

第四章 1949—2019 年中国森林保护与采伐管理政策变迁及其绩效评价

保护森林资源是保护人类生存环境和实现经济社会可持续发展的必然选择。森林保护政策是推进森林资源保护和资源持续增长的一项关键性政策。为了保障森林资源持续增长，必须建立森林资源采伐管理制度，对森林资源采伐行为进行调控，确保森林采伐数量小于森林资源增长数量。森林资源采伐管理政策是以采伐限额管理制度为核心的森林资源利用和保护的制度体系，包括采伐限额管理制度、年度木材生产计划管理制度和木材凭证采伐管理制度。新中国成立 70 年来，森林保护与采伐管理政策一直是中国林业政策的重点关注内容，在不同的历史时期，国家从我国的实际国情出发，相继出台了一系列森林保护与采伐管理政策，不断加大对森林保护、利用与管理的力度，形成了以林地保护规划、森林资源采伐管理、林地用途管制、林地有偿使用、林地分类管理为核心的森林保护政策体系与制度规范。

一、中国森林保护政策体系及其主要内容

1. 林地保护利用规划政策

《森林法》规定了一系列林地保护利用的条款，《森林法实施条例》中规定国家依法实行森林、林木和林地登记发证制度，依法登记的森林，林木和林地的所有权、使用权受法律保护，任何单位和个人不得侵犯。同时规定林业长远规划必须含有林地保护利用规划内容。2005 年 12 月 19 日，国务院同意国家林业局《关于各地区"十一五"期间年森林采伐限额的审核意见》，发布《国务院批转国家林业局关于各地区"十一五"期间年森林采伐限额审核意见的通知》，自 2005 年 12 月 19 日起实施。通知要求大力加强森林资源保护管理，依法实行采伐限额制度，严格控制森林资源过量消耗。2010 年，国家林

业局召开新闻发布会，宣布经国务院常务会议审议并原则通过的《全国林地保护利用规划纲要（2010—2020 年）》。依据该纲要，未来 10 年，全国森林保有量增加 2230 万公顷左右，森林蓄积量增加约 12 亿立方米左右，征占用林地总额控制在 105.5 万公顷以内。该《纲要》是首次经国务院批准实施的我国第一个中长期林地保护利用规划，是指导我国未来 10 年林地保护利用工作的纲领性文件。《纲要》坚持严格保护、积极发展、科学经营、持续利用的方针，统筹协调林地保护与利用的关系，充分发挥森林的生态、经济和社会效益，为经济社会可持续发展奠定坚实基础，确定了我国林地保护利用遵循的基本原则。

2. 森林资源采伐管理政策

1987 年中共中央、国务院发布《关于加强南方集体林区森林资源管理，坚决制止乱砍滥伐的指示》，标志着我国森林资源采伐限额制度的初步确立。森林资源采伐管理政策具体包括采伐限额管理制度、年度木材生产计划管理制度和木材凭证采伐管理制度。森林资源采伐管理政策是森林永续经营和森林生态保护的重要制度保障，其目的是通过控制林木年度采伐量来达到逐年增加森林资源的存量，从而最终实现森林永续利用和改善生态环境的目的，是平衡私人林业经济利益和社会公共生态安全利益之间和谐关系的重要制度安排。

3. 森林更新政策

森林更新政策的主要目的是为了保证在森林主伐以后，木材的不断再生产和防护效能的继续发挥，是维持和扩大森林资源的主要途径。更新方式以人工更新为主、人工和天然更新相结合，在主伐迹地上借助于自然力或人力迅速地恢复森林的原有功能。按更新方法，可分为伐前更新、伐后更新和伐中更新。1953 年，中央人民政府政务院发布《关于发动群众开展造林，育林、护林工作的指示》，指出森林采伐后，应立即进行迹地更新，育成新林，使森林延续不绝，源源利用；明确要求森林工业部门必须切实贯彻合理采伐方针，结合采伐作业，随即清理林场，以促进森林天然更新，并给人工更新创造有利条件。1953 年之后，在森林采伐更新方面，国家又先后颁发《国有林主伐试行规程》和《森林采伐更新规程（试行）》，对森林采伐的种类，采伐许可证的管理，国营林业局和国营、集体林场采伐作业的技术规程，采伐更新后的检查验收等，作出了明确具体的规定。并把森林更新列为一章单独加以规定，同时还提出了优先发展人工更新，人工促进天然更新、人工更新天然更新相结合的森林更新原则，以及更新质量必须达到的具体标准。

4. 林地用途管制政策

1984 年颁布的《森林法》首次对占用与征用林地审核作为一项制度以立法的形式确定下来，并确立了不占或者少占林地的原则，标志着中国林地用途管制政策的全面实施。1994 年修改的《森林法》将林业主管部门前置审核这一程序作为法律规定进行了明确。1998 年我国修订《土地管理法》新增了包括林地在内的土地用途管制制度，是我国土地利用方式和管理制度的重大变革。2000 年《森林法实施条例》又赋予了林业主管部门对临时占用林地和修筑直接为林业生产服务的设施的直接审批权，并对征占用林地审核程序、权限、被占用或征用林地上林木采伐等问题作了详细规定，进一步完善了征占用林地前置审核制度。2004 年国务院发布《国务院关于深化改革严格土地管理的决定》，规定从严从紧控制农用地转为建设用地的总量和速度。2006 年，国务院发布《加强土地调控有关问题的通知》，禁止擅自将农用地转为建设用地，决定从 2008 年起，在全国范围内正式实施征占用林地定额管理制度。2010 年发布《全国林地保护利用规划纲要》（2010—2020 年），指出严格限制林地转为建设用地，林地必须用于林业发展和生态建设，不得擅自改变用途；严格控制林地转为其他农用地，禁止毁林开垦、毁林挖塘等将林地转化为其他农用土地；严格保护公益林地，合理区划界定公益林地，全面落实森林生态效益补偿基金制度和管护责任制。2015 年，国家林业局发布《建设项目使用林地审核审批管理办法》，指出建设项目应当不占或者少占林地，必须使用林地的，应当符合林地保护利用规划，合理和节约集约利用林地，建设项目使用林地实行总量控制和定额管理。

5. 林地有偿使用政策

2000 年颁布的《森林法实施细则》规定："占用林地单位应当向森林经营单位补偿实际损失"。建设单位征占用林地交纳森林植被恢复费、林地补偿费、林木补偿费和安置补助费四项费用。2002 年国家林业局与财政部两部门联合下发《森林植被恢复费征收、使用管理暂行办法》，在全国范围内统一并大幅度提高了森林植被恢复费的征收标准，标志着中国实现了依法有偿使用林地的林地管理体制。2013 年，党的十八届三中全会《中共中央关于全面深化改革若干重大问题的决定》指出：要实行资源有偿使用制度以及生态补偿制度。2015 年，中共中央、国务院发布的《生态文明体制改革总体方案》中指出：自然资源资产产权制度、资源有偿使用属于生态文明制度体系的内容,并明确到 2020 年,全面建立覆盖全民所有自然资源资产的有偿出让制度,完善土地、矿产资源、海域海岛有偿使用制度,严禁无偿或低价出让。《中华人民共和国国民经济和社会发展第十三个五年规划纲要》也指出要加快构建自然资源资产产权制度,创新有偿使用机制。

6. 林地分类利用管理政策

为了适应林业分类经营改革需要,中国开始实施林地分类利用管理制度。1984 年颁布的《森林法》将森林按主导功能分为防护林、特种用途林、用材林、经济林和能源林等五大林种。1999 年,中国开始实行林业分类经营,即在原来的五大林种的基础上归类为公益林和商品林,分别采用不同的管理模式和管理办法,以实现林地资源可持续利用。林地分类利用管理制度主要包括林地资源的分类办法,商品性林地资源管理条例和公益性林地资源管理条例等法律法规。在《森林资源规划设计调查主要技术规定》(2003 年)中,按照主导功能的不同将森林资源分为生态公益林和商品林两个类别,其中,生态公益林是以保护和改善人类生存环境、维持生态平衡、保存种质资源、科学实验、森林旅游、国土保安等需要为主要经营目的的森林、林木、林地,包括防护林和特种用途林。商品林是以生产木材、竹材、薪材、干鲜果品和其他工业原料等为主要经营目的的森林、林木、林地,包括用材林、薪炭林和经济林。

7. 林权制度改革政策

长期稳定和不断完善以土地家庭承包经营为基础、统分结合的双层经营体制,是党在农村政策的核心内容。国务院批转国家林业局《关于各地区"十一五"期间年森林采伐限额审核意见的通知》,明确提出,集体林权制度改革的最终目标是,建立"产权归属清晰、经营主体到位、责权划分明确、利益保障严格、流转顺畅规范、监管服务有效"的现代林业产权制度。2006 年,国务院决定在黑龙江伊春国有林区同时开展林权制度改革试点,打破了 50 多年来国有林区国有国营的经营管理体制。2008 年,中共中央、国务院发布《关于全面推进集体林权制度改革的意见》,新一轮集体林权制度改革全面启动。

8. 破坏林地的惩罚政策

我国现行法律法规对林地管理法律责任的规定,主要体现在《森林法实施条例》第四十一条、第四十三条规定的行政处罚。条例中提到盗伐、滥伐森林或其他树木，均责令补种树木，并依据具体情形处以罚款。第四十条和第四十一条分别提出违反本条例规定，收购没有林木采伐许可证或者其他合法来源证明的木材的以及毁林采种或者违反操作技术规程采脂、挖笋、掘根、剥树皮及过度修枝，致使森林、林木受到毁坏的，由县级以上人民政府林业主管部门处以罚款。《物权法》第三章也规定了物权保护方式。2005 年《最高人民法院关于审理破坏林地资源刑事案件具体应用法律若干问题的解释》等法律、立法解释和司法解释中规定的刑事责任，包括非法转让、倒卖土地使用权罪，非法占用农用地罪、非法批准征用、占用土地罪、非法低价出让国有土地使用权罪。

9. 造林育林政策

1953 年，中央人民政府政务院发布《关于发动群众开展造林，育林、护林工作的指示》，指出开展群众性的造林工作是扩大木材资源、保证国家长期建设需要的首要办法，也是减免风沙水旱灾害、保障农业丰收的有效措施，要求造林以后必须加强抚育，以促进林木的发育和成长。1980 年 3 月 5 日，中共中央、国务院发出《关于大力开展植树造林的指示》，提出在实现四个现代化的历史进程中，大规模地开展植树造林，加速绿化祖国，是摆在我们面前的一项重大战略任务，要实行科学造林、育林，切实加强技术指导，纠正植树造林只求数量，不顾质量的偏向，要坚持贯彻依靠社队集体造林为主，积极发展国营造林，并鼓励社员个人植树的方针，国家、集体、个人都来兴办林业。1981 年《关于保护森林发展林业若干问题的决定》指出要进一步贯彻 1980 年中共中央、国务院《关于大力开展植树造林的指示》，坚持依靠社队集体造林为主，积极发展国营造林，并鼓励社员个人植树的方针，发动城乡广大人民群众和各行各业，扎扎实实地植树造林。要因地因时制宜，保质保量，包栽包活包成林，防止形式主义和无效劳动，要把造林绿化作为本部门的一项生产建设任务，科学造林育林，提高造林质量。

表4-1　1949—2019 年中国森林保护政策体系与主要内容

年份	政策法律文件	主　要　内　容
1950	《中华人民共和国土地改革法》	大森林收归国有，由人民政府管理经营
1958	《关于在全国大规模造林的指示》	做好规划，坚持依靠合作社造林为主，同时积极发展国营林场的方针，努力提高造林质量，做好更新和护林工作

（续）

年份	政策法律文件	主 要 内 容
1967	中共中央《关于加强山林保护管理，制止破坏山林树木的通知》	积极做好护林宣传教育工作，加强山林管理，同一切破坏森林的行为作斗争
1978	全国林业局长会议	总结 1949 年以来林业建设的经验教训，讨论《森林法（草案）》和林业发展规划，研究加快发展林业的措施
1981	中共中央、国务院《关于保护森林发展林业若干问题的决定》	林业是国民经济的重要组成部分。发达的林业，是国家富足、民族繁荣、社会文明的标志之一。大力造林育林
1982	中共中央《全国农村工作会议纪要》	要把振兴林业作为国土整治的一项根本大计，制止某些地区生态环境继续恶化
1984	《中华人民共和国森林法》	林业建设实行以营林为基础，普遍护林，大力造林，采育结合，永续利用的方针
1985	森林和野生动物类型自然保护区管理办法	自然保护区是保护自然环境和自然资源、拯救频临灭绝物种、进行科学研究的重要基地
1987	《关于修改〈中华人民共和国森林法〉的决定（修正）》	地方各级人民政府应当组织有关部门建立护林组织，负责护林工作，订立护林公约，组织群众护林，划定护林责任区，配备护林员
1989	《中华人民共和国环境保护法》	开发利用自然资源，必须采取措施保护生态环境
1991	《中华人民共和国水土保持法》	进行封山育林育草、轮封轮牧，防风固沙，保护植被
1991	中共中央《关于进一步加强农业和农村工作的决定》	抓好防护林体系建设和治沙工程，改善生态环境
1993	中共中央、国务院《关于当前农业和农村经济发展的若干政策措施》	林业既是农村经济的重要组成部分，也是农业高产稳产的生态屏障
1994	《中国 21 世纪议程》	资源的合理利用和环境保护
1995	《中国 21 世纪议程林业行动计划》	到 21 世纪中叶，建立起比较完备的林业生态体系和比较发达的林业产业体系
1998	中共中央、国务院《关于做好 1998 年农业和农村工作的意见》	要加强生态环境建设，尽快遏制生态环境恶化的趋势
1998	国务院《关于保护森林资源制止毁林开垦和乱占林地的通知》	把改善生态环境作为重要任务来抓，立即停止一切毁林开垦行为

（续）

年份	政策法律文件	主 要 内 容
2001	《全国生态环境保护纲要》	实施天然林保护工程，最大限度地保护和发挥好森林的生态效益
2001	《天然林资源保护工程管理办法》	停伐或调减木材产量，保护好现有天然林，加快宜林荒山荒地造林种草，加强森林管护
2002	《森林植被恢复费征收、使用管理暂行办法》	在全国范围内统一并大幅度提高了森林植被恢复费的征收标准
2003	中共中央、国务院《关于加快林业发展的决定》	确定以生态建设为主的林业发展方向
2005	中共中央、国务院《关于推进社会主义新农村建设的若干意见》	继续推进生态建设，切实搞好退耕还林、天然林保护等重点生态工程，巩固生态建设成果
2006	《中华人民共和国国民经济和社会发展第十一个五年规划纲要》	继续推进天然林保护、退耕还林、湿地保护和荒漠化石漠化治理等生态工程
2007	中共中央、国务院《关于积极发展现代农业扎实推进社会主义新农村建设的若干意见》	继续推进天然林保护、退耕还林等重大生态工程建设
2008	《国家林业局关于开展第四次全国荒漠化和沙化监测工作的通知》	为及时掌握我国荒漠化和沙化的最新状况及其动态变化，我局决定于 2009 年组织开展第四次全国荒漠化和沙化监测工作
2009	《中华人民共和国森林法（2009 修正）》	林业建设实行以营林为基础，普遍护林，大力造林，采育结合，永续利用的方针
2009	《中国保险监督管理委员会、国家林业局关于做好政策性森林保险体系建设促进林业可持续发展的通知》	林业持续健康发展是满足国家建设和人民生产生活对生态和林产品需求的重要保证，是实现党的十七大提出的建设生态文明、实现人与自然和谐发展的必然要求
2010	全国林地保护利用规划纲要（2010—2020 年）	到 2020 年，全国森林保有量确保达到 22300 万公顷以上
2010	《国家林业局办公室关于开展森林认证情况调查的通知》	加强森林认证管理，全面了解我国林业经营单位和企事业单位认证状况，掌握我国开展森林认证情况，规范森林认证市场，确保森林认证工作稳步、健康、有序发展
2011	《中华人民共和国森林法实施条例（2011 修订）》	国家依法实行森林、林木和林地登记发证制度。依法登记的森林、林木和林地的所有权、使用权受法律保护，任何单位和个人不得侵犯
2011	《国家林业局关于编制全国森林旅游发展规划有关问题的通知》	加快森林旅游建设步伐，提升森林旅游产业地位，全面促进森林旅游产业健康有序发展

（续）

年份	政策法律文件	主　要　内　容
2011	《国家级森林公园管理办法》	为了规范国家级森林公园管理，保护和合理利用森林风景资源，发展森林生态旅游，促进生态文明建设，制定本办法
2011	《国家林业局关于进一步加强林业系统自然保护区管理工作的通知》	认真贯彻《通知》精神，进一步提高对加强自然保护区建设管理工作的认识，牢固树立生态系统保护的宗旨意识，全面提升自然保护区管理质量
2012	国家林业局关于印发《天然林资源保护工程森林管护管理办法（2012 修订）》的通知	加强天然林资源保护工程、森林管护工作，保障森林资源安全，促进森林资源持续增长
2012	《国家林业局关于加强国有林场森林资源管理保障国有林场改革顺利进行》	建立国家所有、省级管理、林场保护与经营的国有林场森林资源管理体制。从严管理国有林场林地。加强林木采伐管理。严禁国有林场森林资源流转
2012	《国家林业局关于开展森林经营样板基地建设的指导意见》	努力打造一批科技支撑能力强、森林经营水平高、辐射带动效果好的样板基地
2013	国家林业局关于印发《国家林业局 2013 年工作要点》的通知	深化体制机制改革，扩大林业发展红利。抓好森林资源培育和森林增长指标考评工作，确保如期实现林业"双增"目标。实施生态修复工程，增强生态系统稳定性
2013	《国家林业局关于加快林业专业合作组织发展的通知》	进一步深化集体林权制度改革，切实促进林业专业合作组织建设
2013	《国家林业局关于从严控制矿产资源开发等项目占用东北、内蒙古重点国有林区林地的通知》	充分认识保护好重点林区森林资源的重要意义，从严控制矿产资源开发和风电项目占用林地，加强矿产资源开发和风电项目占用林地的管理与监督
2014	国家林业局关于印发《国家林业局 2014 年工作要点》的通知	稳步推进林业重点改革，全面完成重点生态工程建设任务，着力加强造林绿化和森林经营
2015	国家认监委公告 2015 年第 14 号——关于发布《森林认证规则》的公告	森林认证机构应按照本规则的要求，修订有关管理及技术文件，按照认证依据开展森林认证审核活动
2015	《财政部、国家林业局关于调整森林植被恢复费征收标准引导节约集约利用林地的通知》	由占用征收林地的建设单位依法缴纳森林植被恢复费，是促进节约集约利用林地、实现森林植被被占补平衡的一项重要制度保障
2016	《中华人民共和国森林法实施条例（2016 修订）》	国家依法实行森林、林木和林地登记发证制度。依法登记的森林、林木和林地的所有权、使用权受法律保护，任何单位和个人不得侵犯

（续）

年份	政策法律文件	主 要 内 容
2016	《森林公园管理办法（2016修改）》	破坏森林公园的森林和野生动植物资源，依照有关法律、法规的规定处理
2017	《国家林业局关于加快推进城郊森林公园发展的指导意见》	充分认识发展城郊森林公园的重要意义，准确把握城郊森林公园的建设发展理念，积极有序推进城郊森林公园建设与发展
2018	《国家林业局关于进一步加强国家级森林公园管理的通知》	进一步加强国家级森林公园管理，提升保护管理能力，加强保护和合理利用森林风景资源
2019	《关于建立以国家公园为主体的自然保护地体系的指导意见》	实施自然保护地统一设置、分级管理、分类保护、分区管控，形成以国家公园为主体、自然保护区为基础、各类自然公园为补充的自然保护地体系
2019	《天然林保护修复制度方案》	完善天然林的管护制度，对全国所有天然林实行保护，全面落实天然林保护责任；建立天然林用途管制制度，严管天然林地占用；健全天然林修复制度，强化天然林修复科技支撑

二、1949—2019 年中国森林保护与森林采伐管理政策及主要内容

1. 林木限额采伐政策

1897 年，中共中央、国务院发布《关于加强南方集体林区森林资源管理坚决制止乱砍滥伐的指示》，指出严格执行年森林采伐限额制度，国务院批准各省、自治区的采伐限额，要迅速落实到基层生产单位，今后未经国务院或授权单位批准，各级都不得突破限额，林区乡村企业生产加工用材和群众自用木材，都必须纳入采伐限额。同年，国务院批准《森林采伐更新管理办法》，规定森林采伐更新要贯彻"以营林为基础，普遍护林，大力造林，采育结合，永续利用"的林业建设方针，执行森林经营方案，实行限额采伐，发挥森林的生态效益、经济效益和社会效益。1994 年，国务院办公厅发布《关于加强森林资源保护管理工作的通知》，要求各级政府和有关部门正确处理改革开放、经济发展与森林资源保护管理的关系，严格执行森林采伐限额制度和木材凭证运输制度，强化林地利用监督管理。2000 年，国务院发布《中华人民共和国森

林法实施条例》，以单位制定年森林采伐限额，由省、自治区、直辖市人民政府林业主管部门汇总、平衡，经本级人民政府审核后，报国务院批准，其中，重点林区的年森林采伐限额，由国务院林业主管部门报国务院批准。全国"十二五""十三五"期间，国务院在发布关于年森林采伐限额的批复中不断强调各地区、各部门必须严格按照森林法等有关法律法规执行，不得突破。

2. 天然林禁伐政策

天然林是森林资源的主体和精华，是自然界中群落最稳定、生物多样性最丰富的陆地生态系统，全面保护天然林，对于建设生态文明和美丽中国及实现中华民族永续发展具有重大意义。1956 年，国家发布《关于天然森林禁伐区（自然保护区）划定草案》，指出有必要根据森林、草原分布的地带性，在各地天然林和草原内划定禁伐区，以保存各地带自然动植物的原生状态。1998 年特大水灾之后，根据《中共中央　国务院关于灾后重建、整治江湖、兴修水利的若干意见》中关于"全面停止长江、黄河流域上中游的天然林采伐，森工企业转向营林管护"的精神，国家林业局编制《长江上游、黄河上中游地区天然林资源保护工程实施方案》和《东北、内蒙古等重点国有林区天然林资源保护工程实施方案》，加大天然林资源保护工程实施范围和保护力度。经过两年试点，2000 年 10 月国家正式启动了天然林资源保护工程，简称"天保工程"，开始全面停止天然林采伐，加快工程区内的宜林荒山荒地造林植树，将工程区林业用地划分为禁伐区、限伐区和商品林经营区，有步骤地调减木材产量。此后，长江、黄河流域工程区停止了天然林商品性采伐，东北、内蒙古等重点国有林区大幅度调减木材产量。2015 年 3 月，中共中央、国务院发布《国有林区改革指导意见》，正式启动重点国有林区改革工作。在 2014 年龙江森工集团、大兴安岭林业集团公司开展天然林停伐试点的基础上，从 2015 年 4 月 1日起，全面停止东北、内蒙古重点国有林区的天然林商业性采伐。全面停止天然林商业采伐，标志着重点林区以牺牲森林资源为代价的发展历史彻底结束，从此进入全面保护发展的新阶段。2019 年 7 月，中共中央办公厅、国务院办公厅印发《天然林保护修复制度方案》，要求完善天然林的管护制度，对全国所有天然林实行保护，全面落实天然林保护责任；建立天然林用途管制制度，严管天然林地占用；健全天然林修复制度，强化天然林修复科技支撑，完善天然林保护修复效益监测评估制度。党的十八大以来，我国不断加大天然林保护力度，全面停止天然林商业性采伐，实现了全面保护天然林的历史性转折，取得了举世瞩目的成就。

3. 森林经营政策

　　森林经营方案是森林经营主体为了科学、合理、有序地经营森林，充分发挥森林的生态、经济和社会效益，根据国民经济和社会发展要求、林业法律法规政策、森林资源状况及其社会、经济、自然条件编制的森林资源培育、保护和利用的中长期规划，以及对生产顺序和经营利用措施的规划设计。1981 年，中共中央、国务院发布《关于保护森林发展林业若干问题的决定》，指出今后开发新林区，要从全面经营森林出发，统筹安排森工与营林的生产建设和投资，林业企业必须做到在采伐后当年或次年更新。1993 年，国务院在《九十年代中国农业发展纲要》中规定森林采伐更新要贯彻林业经营方案，实行限额采伐。1998 年，党的十五届三中全会通过的《关于农业和农村工作若干重大问题的决定》指出：从现在起要调整森工企业的主营方向，变伐木为营林，有计划地停止天然林的采伐，切实保护大江大河上游的森林植被。2008 年，《国家林业局关于开展森林采伐管理改革试点的通知》决定开展森林采伐管理改革试点工作，明确全面推进森林可持续经营的目标任务和主要措施。2016，《国务院关于全国"十三五"期间年森林采伐限额的批复》中指出，积极引导和鼓励森林经营者编制森林经营方案，科学开展森林培育和采伐。

4. 林地植被收取恢复费政策

　　由占用征收林地的建设单位依法缴纳森林植被恢复费，是促进节约集约利用林地、培育和恢复森林植被、实现森林植被占补平衡的一项重要制度保障。2002 年，财政部、国家林业局印发《森林植被恢复费征收使用管理暂行办法》，规定森林植被恢复费征收标准按照恢复不少于被占用或征用林地面积的森林植被所需要的调查规划设计、造林培育等费用核定。2015 年 9 月 21 日，中共中央、国务院印发《生态文明体制改革总体方案》，提出要构建反映市场供求和资源稀缺程度、体现自然价值和代际补偿的资源有偿使用和生态补偿制度，着力解决自然资源及其产品价格偏低、生产开发成本低于社会成本、保护生态得不到合理回报等问题。2015 年 11 月 18 日，财政部、国家林业局印发《关于调整森林植被恢复费征收标准引导节约集约利用林地的通知》，决定建立引导节约集约利用林地的约束机制，确保森林植被面积不减少、质量不降低，保障国家生态安全，随即制定了一系列森林植被恢复费征收标准应当遵循的原则，以此推动建立引导节约集约利用林地的约束机制，确保森林植被面积不减少、质量不降低，保障国家生态安全。

5. 林权登记发证政策

林地是林业最重要的生产要素，与我国经济发展密切相关，所以林权登记发证工作是依法治林的核心问题，是推进现代林业改革的重要内容。1984 年《森林法》第一次以法律的形式把林权问题通过"核发证书"确定为法律关系，4 年之后修正的《森林法》进一步规定：国务院可以授权国务院林业主管部门，对国务院确定的国家所有的重点林区的森林、林木和林地登记造册，发放证书，并通知有关地方人民政府。2000 年，国家林业局在重点督促和指导退耕还林地确权发证工作的同时，启用了全国统一式样和编号的林权证。2003 年施行的《农村土地承包法》与《森林法》有关条款互相衔接，再一次确认了林权证的法律地位，明确规定对承包林地及其流转权属发放"林权证书"，以防止一些地方用土地证代替林权证甚至出现林权证与土地证、草原证等权属证书"交叉盖被"现象的发生。《物权法》第十条确立国家对不动产实行统一登记的制度，无疑，这一制度的实施将对林业主管部门承担的林权登记发证职能产生重大影响。《中共中央　国务院关于全面推进集体林权制度改革的意见》要求各级林业主管部门应明确专门的林权管理机构，要"明晰产权""勘界发证"，要对有权属争议的林地、林木，要依法调处，纠纷解决后再落实经营主体。2018 年，中共中央印发《深化党和国家机构改革方案》，明确规定组建自然资源部，主要职责包括履行全民所有各类自然资源资产所有者职责，统一调查和确权登记，建立自然资源有偿使用制度等。截至 2007 年，全国依法完成林权登记发证面积 37 亿亩，占林业用地总面积的 90％以上。退耕还林地登记发证面积占应发证面积的 50％。国务院确定的国有重点林区林权证发放工作基本完成。林权登记发证，成为各级林业主管部门一项重要的日常工作。

表 4-2　1949—2019 年中国森林保护和森林采伐管理政策以及主要内容

年份	政策法律文件	主要内容
1950	《关于全国林业工作的指示》	合理采伐，节约木材，进行重点的林野调查
1956	《关于天然森林禁伐区（自然保护区）划定草案》	指出有必要根据森林、草原分布的地带性，在各地天然林和草原内划定禁伐区，以保存各地带自然动植物的原生状态

（续）

年份	政策法律文件	主要内容
1979	国务院关于保护森林制止乱砍滥伐的布告	严禁乱砍滥伐，以木易物，搞非法协作。严禁毁林开荒、毁林搞副业
1980	国务院《关于坚决制止乱砍滥伐森林的紧急通告》	许多地方……对森林资源破坏很严重，必须采取有力措施，迅速予以制止
1982	中共中央、国务院《关于制止乱砍滥伐森林的紧急通告》	对森林的保护和管理必须加强，在任何时候都不能丝毫放松
1985	中共中央、国务院《关于进一步活跃农村经济的十项政策》	集体林区砍伐须依法经政府批准，严禁乱砍滥伐
1986	《中华人民共和国森林法实施细则》	凡采伐林木都必须申请林木采伐许可证
1987	中共中央、国务院《关于加强南方集体林区森林资源管理坚决制止乱砍滥伐的指示》	严格执行年森林采伐限额制度，坚决保护国有山林权属不受侵犯，要完善林业生产责任制
1987	国务院《森林采伐更新管理办法》	森林采伐更新要贯彻林业经营方案，实行限额采伐
1987	《关于修改〈中华人民共和国森林法〉的决定（修正）》	国家根据用材林的消耗量低于生长量的原则，严格控制森林年采伐量
1993	国务院《九十年代中国农业发展纲要》	林业生产要以培育森林资源、提高森林覆盖率，增加木材和林产品供给能力为出发点
1994	国务院办公厅《关于加强森林资源保护管理工作的通知》	严格执行森林采伐限额和木材凭证运输制度
1998	中共中央《关于农业和农村工作若干重大问题的决定》	调整森工企业的主营方向，变伐木为营林，有计划地停止天然林的采伐，切实保护好大江大河上游的森林植被。对过度开垦、围垦的土地，要有计划有步骤地还林、还草、还湖
1998	中共中央、国务院《关于灾后重建、整治江湖、兴修水利的若干意见》	实行封山育林、退耕还林，防治水土流失，改善生态环境。停止长江、黄河流域上中游天然林采伐
2000	《中华人民共和国森林法实施条例》	制定年森林采伐限额，经本级人民政府审核后，报国务院批准
2000	国务院《长江上游黄河上游天然林资源保护工程实施方案》《东北、内蒙古等重点国有林区天然林资源保护工程实施方案》	全面停止天然林采伐，加快工程区内的宜林荒山荒地造林植树，将工程区林业用地划分为禁伐区、限伐区和商品林经营区，有步骤地调减木材产量
2002	《森林植被恢复费征收、使用管理暂行办法》	在全国范围内统一并大幅度提高了森林植被恢复费的征收标准

（续）

年份	政策法律文件	主要内容
2008	《国家林业局关于开展森林采伐管理改革试点的通知》	森林采伐管理改革是全面推进集体林权制度改革的必然要求，是全面推进现代林业建设的战略举措，是全面推进森林可持续经营的现实需要，是林业改革的重要组成部分
2009	《国家林业局办公室关于进一步推进林业安全生产"三项行动"的通知》	扎实开展"三项行动"，加强林业安全生产全员、全过程、全方位管理，推进"安全生产年"目标任务落实
2011	《森林采伐更新管理办法(2011修订)》	森林采伐更新要贯彻"以营林为基础，普遍护林，大力造林，采育结合，永续利用"的林业建设方针，执行森林经营方案，实行限额采伐，发挥森林的生态效益、经济效益
2011	《国务院批转林业局关于全国"十二五"期间年森林采伐限额审核意见的通知》	大力加强森林资源保护管理，依法实行采伐限额制度，严格控制森林资源消耗，提高森林资源的利用效益，推进森林经营方案的编制与实施
2015	中共中央、国务院印发《国有林区改革指导意见》	区分情况有序停止重点国有林区天然林商业性采伐，确保森林资源稳步恢复和增长
2016	《国务院关于全国"十三五"期间年森林采伐限额的批复》	同意林业局审核确定的全国"十三五"期间年森林采伐限额，请认真贯彻执行

三、1949—2019年中国森林采伐管理政策变迁过程及阶段特征

1. 森林采伐管理政策形成与变迁

森林采伐管理政策是由《森林法》明确规定的一项法律制度和保护发展森林资源的一项根本性的管理措施，具体包括采伐限额管理、年度木材生产计划管理和林木凭证采伐管理三项制度。由国家制定统一的年度木材生产计划，年度木材生产计划不得超过批准的年采伐限额，计划管理的范围由国务院规定。在具体执行过程中，通过制定年森林采伐限额来控制年度森林采伐数量保持森林资源净增长。森林采伐限额制度按规定依照采伐量低于生长量的总原则，根据森林资源消长状况和经营管理情况，按照每5年为一个计划期进行调整，分别按省、市、自治区编制。新中国成立70年来，中国森林采伐管理政策经历了四个基本阶段：

第一阶段：计划管理阶段（1949—1985年）。 新中国成立初期，中国政府

对林业生产实行计划管理，即要求森林采伐计划须经过中央政府财政经济委员会批准之后，方可组织森林资源采伐与生产作业，中国森林采伐进入计划管理阶段，木材生产成为中国林业工作的基本方针。行政化的计划命令保证了大量木材的产出，同时也带来了各地超计划采伐行为的发生，森林资源遭到严重破坏。"文化大革命"期间，超计划采伐森林资源更为严重，森林采伐计划管理形同虚设。由于历史上遗留下来的森林很少，加上对林业的重要性认识不足，工作指导上又有"左"的错误和影响，因此尽管做了大量工作，林业的落后面貌仍然没有改变。1981 年《关于保护森林发展林业若干问题的决定》指出当前突出的问题是，森林破坏严重，砍得多，造得少，消耗过多，培育太少。为了迅速扭转林业面临的严重局面，坚决制止乱砍滥伐，切实保护现有森林，严格控制采伐，该决定明确规定：稳定山权林权，落实林业生产责任制；木材实行集中统一管理，要根据用材林的消耗量低于生长量的原则，严格控制采伐量，国有林的采伐，由省、市、自治区林业主管部门统一安排，集体林的采伐，由县林业行政部门发给采伐证，其他部门采伐自己经营的林木和社队集体采伐自用材，由当地林业行政部门按照《森林法（试行）》的有关规定进行审批，发给采伐证，无证采伐的，以破坏森林论处。1985 年《森林法》规定通过年森林采伐限额的方式控制森林采伐数量，确保资源消耗量低于生长量，鼓励植树造林、封山育林，扩大森林覆盖面积。至此，以限额管理为核心的中国森林资源采伐管理政策得以初步形成。

第二阶段：总量管理阶段（1986—1990 年）。森林采伐限额制度从总量上对森林采伐进行控制，分别对各省（区、市）的采伐数量给出具体的指标，要求采伐量不得超过规定的采伐限额总量。1987 年，中共中央、国务院《关于加强南方集体林区森林资源管理坚决制止乱砍滥伐的指示》提出严格执行年森林采伐限额制度，坚决保护国有山林权属不受侵犯，要完善林业生产责任制。随后，国务院在《森林采伐更新管理办法》中规定森林采伐更新要贯彻林业经营方案，实行限额采伐，发挥森林的生态效益、经济效益和社会效益。这一时期森林采伐限额仅是对森林采伐的总量进行控制，但由于各项配套管理措施没有跟进，致使该项制度在实际执行过程中并没有有效地遏制乱砍滥伐现象，尤其是在国有林区森林资源超限额采伐现象依旧十分严重。

第三阶段：结构管理阶段（1991—2005 年）。从 1991 年开始，国家对采伐限额制度进行了改进，除对可以采伐的林木进行总量上的控制以外，还按照森林资源的消耗结构，分别核定商品材、农民自用材、生活烧材、工副业烧材和其他用材等分项限额指标，并对国营林业企业和国有林场也分项列出采伐限额指标。从 1996 年开始，中国政府在按照森林的消耗结构进行分类的基础上，进一步从采伐类型上进行分类。该时期年森林采伐限额核定的总量指标和按采伐类型、消耗结构核定的各分项限额指标，均为每年采伐胸径 5 厘米以上林木蓄积的最大限量，不得突破，不得相互挪用、挤占。2000 年，《中华人民共和国森林法实施条例》中规定，申请林木采伐许可证，除应提交申请采伐林木的所有权证书或者使用权证书外，还应提交包括采伐林木的目的、地点、林种、林况、面积、蓄积量、方式等有关森林结构问题的文件。从 2001 年开始，国家更加注重科学、合理的编制采伐限额计划，在编制森林采伐限额计划时，确立了森林资源采伐管理实施全额控制和分项管理的原则，各项之间不得相互挪用、挤占。

第四阶段：分类管理阶段（2006—2019 年）。 森林资源采伐限额从采伐方式设置、利用布局安排，到森林采伐量核定，始终以优先保障生态建设大局和森林资源持续增长为前提，突出面向生态建设为主的中国林业发展战略新需求。该时期的森林采伐限额总量充分反映由以木材生产为主向以生态建设为主的历史性转变的总体要求。同时，为了加强森林科学经营和提高森林质量，对抚育采伐限额指标予以充分满足，对达到一定规模人工商品林的经营单位和个人实行了单独编限，对工业原料林的采伐年龄由所有者自主确定。为配合集体林权制度改革，2007 年国家林业局发布《关于进一步加强森林资源管理促进和保障集体林权制度改革的通知》，对经营单位单独编制限额、木材生产计划单列、主伐年龄由林木所有者确定、采伐指标结余结转使用等问题进行规范，体现了森林经营分类管理、分区施策和依法保障森林经营者合法权益的要求。2016年，《国务院关于全国"十三五"期间年森林采伐限额的批复》中提到"十三五"期间年森林采伐限额是每年采伐森林、消耗林木蓄积的最大限量，各地区、各部门必须严格按照森林法等有关法律法规执行，不得突破。采伐限额要分解落实到限额编制单位，省、市级均不得截留，不同单位间的采伐限额不得挪用，同一单位各分项限额不得串换使用，体现了国家对森林资源分类管理的重视。

2. 森林采伐管理政策的主要内容

中国森林采伐管理制度是以森林采伐限额管理制度为核心，以年度木材生产计划管理制度和林木凭证采伐管理制度为具体保障的制度体系。年度木材生产计划管理制度是保证商品材年采伐量不突破相应的采伐限额的具体措施，而林木凭证采伐管理制度则是保证采伐限额得以落实的一项具体措施。

（1）森林采伐限额管理制度。年森林采伐限额是指国家所有的森林和林木以国有林业企业事业单位、农场、厂矿等为单位，集体所有的森林和林木、个人所有的林木以县为单位，按照法定程序和方法，经科学测算编制，经各级地方人民政府审核，报经国务院批准的年采伐消耗森林蓄积的最大限量。制定年采伐限额，是将用材林的主伐和抚育伐、防护林和特种用途林的抚育和更新性质的采伐，低产林分的改造以及"四旁"林木的采伐等，凡胸高直径 5 厘米以上的，都纳入年森林采伐限额。《森林法》规定将"个人所有的林木"也纳入年森林采伐限额范围内进行管理。农村居民在自留山种植的林木、个人承包国家所有和集体所有的宜林荒山荒地种植的林木归个人所有（承包合同另有规定的除外），将这部分林木纳入年采伐限额，对其采伐进行管理。对利用外资营造的用材林达到一定规模需要采伐的，可以在国务院批准的森林采伐限额内，由省（区、市）林业主管部门批准，实行采伐限额单列，以鼓励利用外资造林。

（2）年度木材生产计划管理制度。年度木材生产计划是在已批准的年森林采伐限额的基础上制定的。实行年度木材生产计划管理是国家用来控制、调节年度商品材消耗林木数量的法律手段，保证商品材年采伐量不突破相应的采伐限额的具体措施。《森林法》和《森林法实施条例》规定，国家制定统一的年度木材生产计划不得超过批准的年采伐限额；采伐森林、林木作为商品销售的，必须纳入国家年度木材生产计划，凡是采伐国有单位经营的森林和林木、集体所有的森林和林木以及农村居民自留山的林木（薪炭林除外），都要按照国家有关规定纳入国家的年度木材生产计划，以确保森林采伐量不超过批准的年森林采伐限额。国家年度木材生产计划是法定的计划，各级林业主管部门只能依据上级主管部门下达的木材生产计划指标进行分解下达，不能随意增加，也不得擅自编制下达。采伐的单位和个人对上级林业主管部门下达的木材生产计划不得突破。

（3）林木凭证采伐管理制度。在 20 世纪 50 年代，中国一些国有林区就实行凭证采伐和伐区拨交验收制度。为了有效地保护和合理利用森林资源，1981年中共中央、国务院《关于保护森林发展林业若干问题的规定》明确了在全国实行凭证采伐制度。依据 1998 年《森林法》和 2000 年《森林法实施条例》规定，采伐林木必须申请采伐许可证，按许可证的规定进行采伐。采伐许可证的发证机关为县级以上林业行政主管部门，以及法律授权的部门和单位，从此森林采伐行为受到了法律制约，控制森林资源过量消耗得到了法律保证。

四、1949—2019 年中国森林保护与采伐管理政策绩效评价

1. 森林保护与采伐管理政策与森林采伐管控的绩效评价

表 4-3 列出了中国历次森林资源清查森林资源采伐数量变动趋势。从表 4-3 中可以看出，森林保护与采伐管理政策的实施直接导致了森林资源采伐量逐渐减少。年均采伐量由第 5 次全国森林资源清查的 3.71 亿立方米，下降为第 8 次全国森林资源清查年均采伐量 3.34 亿立方米，下降了 0.37 亿立方米。其中，天然林年均采伐量由 2.96 亿立方米减少到 1.79 亿立方米，下降 39.5％。与此同时，森林保护政策加大了对天然林资源的保护力度，森林采伐由天然林向人工用材林转变，相应地人工林年均采伐量逐步增多。人工林采伐量由第 5 次全国森林资源清查的 0.75 亿立方米增加到第 8 次全国森林资源清查的 1.55 亿立方米，增加了 1.07 倍，同期天然林的采伐比例逐步减少，由第 5 次全国森林资源清查的 79.8％，下降到 53.6％，下降了 26.2 个百分点。年采伐量的变化体现出国家森林保护与采伐管理政策实施的有效性，对保护森林资源起到了重要作用。

表 4-3　中国历次森林资源清查森林资源采伐数量变动情况（1994—2013 年）

年　份	年均采伐量 （亿立方米）	天然林采伐 （亿立方米）	天然林采伐比 （％）	人工林采伐 （亿立方米）
第 5 次全国森林资源清查（1994—1998 年）	3.71	2.96	79.8	0.75
第 6 次全国森林资源清查（1999—2003 年）	3.65	2.66	72.9	0.99
第 7 次全国森林资源清查（2004—2008 年）	3.79	2.30	60.7	1.49
第 8 次全国森林资源清查（2009—2013 年）	3.34	1.79	53.6	1.55

2. 森林保护与采伐管理政策与森林资源增长绩效评价

表 4-4 列出了历次森林资源清查森林资源变动情况（数据来源于《中国可持续发展林业战略研究》项目组《中国可持续发展林业战略研究总论（上）》《全国林业统计资料汇编》《中国林业统计年鉴》和国家林业和草原局官方网站[①]）。表中显示，1949 年全国森林覆盖率仅为 12.5％，森林蓄积量仅 90.28 亿立方米。新中国成立之初，中国的森林资源曾得到初步的恢复，但是由于

---

① http://www.forestry.gov.cn/.

"大跃进"和"文化大革命"的影响而出现波动。到第一次森林清查期（1973—1976 年），森林覆盖率仅为 12.7%，蓄积量下降到 86.6 亿立方米。到第二次森林清查期（1977—1981 年），森林覆盖率继续下降。第三次至第五次清查之间，森林覆盖率与森林蓄积量才开始逐渐增长。到 20 世纪 90 年代中期以后，中国的森林保护与管理开始取得明显成果，出现了前所未有的"量"与"质"齐增的局面，实现了森林盈余增长与经济发展的并行不悖。从第六次、第七次和第八次森林清查结果来看，森林覆盖率与蓄积量已经实现了同步持续快速增长，到第九次森林资源清查时，全国森林覆盖率已经达到 22.96%，森林蓄积量达到 175.60 亿立方米。更重要的是，中国森林资源近 10 多年的持续增长是与 GDP 的高速增长同期发生的，对于一个快速工业化的国家来说实属不易，在世界其他国家的历史上也比较罕见，一定程度上反映了中国森林保护与管理所取得的阶段性成就（胡鞍钢、沈若萌，2014）。

表 4-4　中国历次森林资源清查森林资源变动趋势（1973—2018 年）

年份	森林覆盖率（%）	森林蓄积（亿立方米）
1949 年	12.50	90.28
第 1 次全国森林资源清查（1973—1976 年）	12.70	86.60
第 2 次全国森林资源清查（1977—1981 年）	12.00	90.30
第 3 次全国森林资源清查（1984—1988 年）	12.98	91.41
第 4 次全国森林资源清查（1989—1993 年）	13.92	106.70
第 5 次全国森林资源清查（1994—1998 年）	16.55	112.70
第 6 次全国森林资源清查（1999—2003 年）	18.21	124.56
第 7 次全国森林资源清查（2004—2008 年）	20.36	137.21
第 8 次全国森林资源清查（2009—2013 年）	21.63	151.37
第 9 次全国森林资源清查（2014—2018 年）	22.96	175.60

　　图 4-1 列出了历次森林资源清查森林资源增长率的变动情况（原始数据来源于中国林业数据库，森林增长率通过后一次全国森林清查所得的森林覆盖面积与前一次清查的森林面积之差再除以前一次清查的森林面积所得）。图中显示，第二次全国森林资源清查（1977—1981 年）的森林增长率为−5.7%，新中国成立不久，国民经济亟待发展，对资源的需求量较大，而且许多遭遇破坏的林地尚未得到很好的恢复，导致全国森林覆盖面积不增反而递减。第三次至第九次清查之间，森林覆盖面积增长率一直处于正增长状态，尤其是第五次清

查，结果显示森林增长率高达 18.6％，这得益于国家对森林保护的重视。

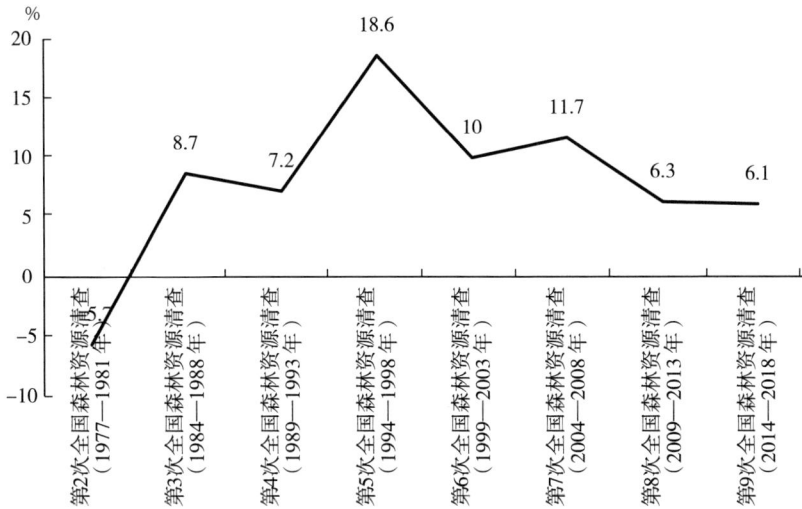

图 4-1　中国历次森林资源清查森林资源增长率变动趋势（1977—2018 年）

第五章 1949—2019 年中国林业产业发展政策变迁及其绩效评价

　　林业产业政策是国家为促进国民经济发展和生态环境保护，通过对林业资源培育、开发利用与产业化发展的规划布局、经济扶持与组织结构调整，直接或间接干预林业产业发展的各项政策的总称。新中国成立 70 年以来，在中国林业产业发展的不同历史阶段，国家都制定和实施了一系列适应宏观经济体制和林业建设主导目标相一致的产业发展政策，有力地推动了中国林业产业的健康快速发展。这些重大变化对世界林业的发展产生并将继续产生巨大的影响，研究中国林业产业政策体系及其主要内容，梳理中国林业产业发展政策变迁过程及阶段特征，对中国林业产业发展政策促进林业产业发展进行绩效评价，既是顺应国际林业发展趋势的要求，也是应对经济全球化的挑战，增强我国林业国际竞争力的要求。

一、中国林业产业政策体系及其主要内容

　　林业产业是一个涉及国民经济第一产业、第二产业、第三产业多个门类，涵盖范围广、产业链条长、产品种类多的复合产业群体，是国民经济的重要基础产业，为其他行业的发展提供了大量的原材料和初级产品。林业产业政策是国家为促进国民经济发展和生态环境保护，通过对林业资源培育、开发利用与产业化发展的规划布局、经济扶持与组织结构调整，直接或间接干预林业产业发展的各项政策的总称。以产业政策的目标导向区分，中国林业产业政策类型具体可以分为四类，即以结构调整和组织政策为主要内容，具有明确的结构目标和企业竞争力目标的林业产业政策；以指令性计划为主要内容，以结构优化为主要目标的林业产业政策；以补救性政策为主要内容，以形成产业自我调整机制为主要目标的林业产业政策以及以产业发展为目标，进行一系列结构、组织、要素调整的林业产业政策(施荫森、刘家顺，1995)。新中国成立 70 年以来，在中国林业产业发展的不同历史阶段，国家都制定和实施了一系列适应宏观经

济体制和林业建设主导目标相一致的产业发展政策，有力地推动了中国林业产业的健康快速发展。中国林业产业发展政策的主要政策文件和内容如表 5-1 所示。

表 5-1 1949—2019 年中国主要林业产业发展政策文件与主要内容

年份	政策文件或会议名称	主要内容
1950	《中华人民共和国土地改革法》	山林国家所有
1953	全国林业工作会议	对国有林逐步实行合理经营管理，在林业工作中，要促进群众的互助合作
1954	第五次全国林业会议	把林业生产纳入互助合作运动中
1954	《育林基金管理办法》	规定育林基金实行专款专用
1955	第六次全国林业会议	山林合作化运动
1956	《关于新辟和移植桑园、茶园、果园和其他经济林木减免农业税的规定》	给予税收扶持
1958	《关于在农村建立人民公社问题的决议》	山林公社所有
1961	《关于确定林权、保护山林和发展林业的若干政策规定（试行草案）》	确定和保证山林的所有权
1961	《关于收购重要经济作物实行粮食奖励的指示》	给予奖励扶持
1981	《关于保护森林发展林业若干问题的决定》	确定保护森林的政策方针和发展林业的战略任务
1985	《制定年森林采伐限额暂行规定》	暂行规定了每年森林采伐限额
1986	《关于搞活和改善国营林场经营问题的通知》	搞活和改善国营林场经营
1989	《关于加强林木采伐许可证管理的通知》	实现全国统一的林木采伐许可证制度
1989	《东北、内蒙古国有林区森工企业试行采伐限额计划管理的决定》	对东北、内蒙古国有林区森工企业试行采伐限额计划管理
1993	《关于在东北、内蒙古国有林区森工企业全面推行林木生产商品化改革的意见》	改革营林资金管理体制，全面推行林价制度
1996	《关于国有林场深化改革加快发展若干问题的决定》	对国有林场实行分类经营、调整组织结构、转换经营机制、合理利用资源、优化产业结构等工作提出具体要求
2001	《关于加快造纸工业原料林基地建设若干意见的通知》	制定全国造纸林基地建设规划
2002	《国家计委关于重点地区速生丰产用材林基地建设工程规划的批复》	建立速生丰产林基地
2003	《中共中央、国务院关于加快林业发展的决定》	将生态建设确定为林业发展的主要方向

（续）

年份	政策文件或会议名称	主要内容
2004	《全国林业产业发展规划纲要》	促进林业产业可持续发展
2004	《全国林纸一体化工程建设"十五"及 2010 年专项规划》	启动林纸一体化工程
2005	《林业贷款中央财政贴息资金管理规定》	贷款贴息扶持林业发展
2007	《林业产业政策要点》	引领、规范和扶持林业产业的发展
2016	国家林业局关于印发《林业发展"十三五"规划》的通知	建设国家储备林和木材战略储备基地

新中国成立以来各项政策对林业产业发展产生了积极影响。1950 年颁布的《中华人民共和国土地改革法》规定了没收和征收的山林、鱼塘、茶山、桐山、桑田、竹林、果园、荒地及其他可分土地，应按适当比例，折合普通土地统一分配之。为利于生产，应当先分给原来从事此项生产的农民。分得此项土地者，可少分或不分普通耕地。其分配不利于经营者，得由当地人民政府根据原有习惯，予以民主管理，并合理经营之。大森林、大荒山等，均归国家所有，由人民政府管理经营之。其原由私人投资经营者，仍由原经营者按照人民政府颁布之法令继续经营之，此项政策极大地解放了领地产业的生产力；1954 年国家林业部根据中央人民政府政务院财政经济委员会批准的育林基金收支管理原则，于同年 3 月统一颁发了《育林基金管理办法》。1964 年 2 月，财政部、国家林业部和中国农业银行联合颁发了《集体林育林基金管理暂行办法》，规定建立甲种育林基金和乙种育林基金，规定了育林基金实行专款专用；1956年，国务院公布《关于新辟和移植桑园、果园、茶园和其他经济林木减免农业税的规定》中规定，凡新开辟的、新垦复的和新栽培的桑园、茶园、果园以及其他经济林木，在没有收益时，一律免征农业税。在有收益的最初几年，也应该根据不同情况，分别给予减税或免税的优待。凡是合作化以后，根据全面规划移植的桑园、茶园、果园以及其他经济林木，由省、自治区、直辖市人民委员会根据因移植而对收入影响的程度给予适当照顾；1958 年发布《关于在农村建立人民公社问题的决议》，实行政社合一，乡党委就是社党委，乡人民委员会就是社务委员会，大力推动农业发展。1961 年颁布《关于确定林权、保护山林和发展林业的若干政策规定（试行草案）》确定和保障山林的所有权，天然的森林资源和在"人民公社化"以前已经划归国有的山林，仍然归国家所有。高级合作社时期，划归合作社、生产队集体所有的山林和社员个人所有的

山林，应该仍然归生产大队、生产队集体所有和社员个人所有。原来划归国有的山林当中，有些分散小片的，国家不便专设机构经营，归公社、生产大队、生产队经营，对于山林的保护和发展更为有利的，可以划归附近的社、队所有，或者包给他们经营。原来划归乡公有的山林，可以分给生产大队所有，可以归几个大队共有，也可以归公社所有。原来划归自然村所有的防洪林、防风林、风景林、柴草山等，可以根据历史习惯，仍然归村所有。原来归高级社所有的山林，一般应该归生产大队所有，小片的和零星的林木，也可以由大队分给生产队所有。由几个公社或者几个生产大队协作营造的林木，一般应该划给所在地的公社或者生产大队所有，由取得所有权的单位付给参加造林的其他单位一定数量的造林费用。如果多数单位不同意把所有权固定给某一个单位，也可以归各单位所共有，委托给所在地的生产大队或者生产队经营，并且认定负责经营的单位应得的报酬。高级社时期确定归社员个人所有的零星树木，社员在村前村后、屋前屋后、路旁水旁、自留地上和坟地上种植的树木，都归社员个人所有。有柴山、荒坡的地方，可以根据历史习惯和群众要求划给社员一定数量的"自留山"，长期归社员家庭经营使用。山林归谁所有，林木的产品和收入就归谁支配，任何单位和个人都不得侵犯。人民公社各级组织对于他们所有的山林，社员对于自留山和个人所有的林木，都有下列各项权利：根据国家颁布的护林法令，根据集体规定的护林公约和当地习惯，制止任何单位和个人破坏山林，乱砍乱伐；结合森林抚育，砍取烧柴，小农具材和其他零星用材；根据森林成长的规律，进行合理的采伐和更新；利用山林资源，在不破坏山林、不破坏水土保持的条件下，因地制宜地安排林、农、牧各项生产；支配自己的林产品、副产品和收入。社员在"自留山"间作的粮食，归社员个人所有，不计算在口粮以内，国家不征公粮，不计统购。公社和县以上各级无偿砍伐生产大队、生产队和社员个人的树木，以及生产大队和生产队无偿砍伐社员个人的树木，都必须认真清理，坚决、彻底、全部退赔。一次退赔不清的，可以分批分期退赔，退清赔清为止。哪一级砍伐的，由哪一级退赔。哪个单位砍伐的，由哪个单位退赔。砍伐谁的，退赔给谁。

改革开放之后，国家有计划地调整集体林区和国有林区的木材价格，支持木材综合利用和节约代用，充分利用林区的采伐、加工和造材的剩余物，大力生产木片，开展小材小料加工，发展人造板生产。有计划地扩大防护林、薪炭林、经济林，以及自然保护区等特种用途林，大力造林育林，依靠社队集体造林为主，积极发展国营造林。1996 年颁布《关于国有林场深化改革加快发展若干问题的决定》，明确国有林场以培育森林资源为重点，以建立比较完备的林业生态体系和比较发达的林业产业体系为目标，以提高综合效益为中心，坚持"以林为本，合理开发，综合经营，全面发展"的办场方针，实行分类经营，分类管理，尽快建立起符合社会主义市场经济规律并体现国有林场特点的管理体制和经营机制，逐步形成一二三产业协调发展的国有林场经济新格局，科学划分国有林场类型，实行分类经营，将国有林场划分为商品经营型、生态公益型和混合经营型三类，实行分类经营，分类管理。

进入 21 世纪以来，国家对于林业产业发展的关注度丝毫不减，2001 年颁布《关于加快造纸工业原料林基地建设若干意见的通知》，明确了造纸林基地的林木采伐管理。各省、自治区、直辖市林业主管部门要结合当地实际，根据制浆造纸工艺要求、林木生长条件等，依法合理确定造纸林基地森林、林木的主伐年龄、轮伐期和间伐期。2002 年颁布《国家计委关于重点地区速生丰产用材林基地建设工程规划的批复》。确立 2001—2005 年重点建设以南方为重点的工业原料林产业带，2006—2015 年全面建成南北方速生丰产用材林产业带。到 2015 年，建成速生丰产用材林 1333 万公顷，完成南北方速生丰产用材林绿色产业带建设。2003 年出台《中共中央、国务院关于加快林业发展的决定》，加速了林业产业的结构调整，各类商品林基地建设方兴未艾，林产工业得到加强，经济林、竹藤花卉产业和生态旅游快速发展，山区综合开发向纵深推进。2007 年国家发布《林业产业政策要点》，明确我国林业产业鼓励扶持发展的方面包括：林木种质资源保护，林木良种选育和林木良种基地建设，速生丰产用材林基地建设，珍贵用材树种和珍稀树种的培育，名特优新经济林基地建设，经济林果品储运、保鲜、分选、包装、精深加工和综合利用技术及现代物流配送产业，花卉和林木种苗产业，林业生物质能源林定向培育与产业化，生物农药和植物生长剂生产技术及产业化，制药技术开发和产业化，竹藤基地建设及竹藤新产品生产技术研发，生态旅游业，野生动植物驯养、繁育利用，木浆造纸业，人造板制造业，林产化工产品精深加工，木材功能性改良、木基复合材料和非木质材料林产品开发及综合利用，次小薪材、沙生灌木、三剩物的综合利用和废旧木质材料、一次性木制品的回收利用，林产品深加工及资源综合利用的设备制造，森林资源开发与利用国际合作，林业重点生态工程示范区及其配套项目建设，鼓励发展草原围栏及舍饲圈养、固沙、保水、改土新材料、沙产业、山区基础设施和林业综合开发等方面，并提出了在财政、金融、税收等方面扶持林业产业发展的政策，在财政上明确鼓励有条件的林业企业"走出去"，并在资金、信贷等方面给予支持；对符合国家中小企业国际市场开拓资金使用方向和使用条件的林业企业予以积极支持；首次提出探索研究建立林业信托基金制度；建立多种形式的林业担保机制；建立政府扶持性林业保险机制。在金融政策上，国家开发银行延长了对林业产业发展的贷款期限和宽限期，并增加对珍贵树种培育给予扶持；农业发展银行首次明确对林业龙头企业予以贷款扶持；配合林权制度改革，首次提出了建立面向林农和林业职工个人的小额贷款扶持机制。在税收政策方面，将原来各自分散、独立的相关税收政策进行全面整合，使国家对林业产业的税费扶持政策更加明确。

二、1949—2019 年中国林业产业发展政策变迁过程及阶段特征

　　林业产业发展政策的制定，既要反映整个经济体制的要求，又要反映林业发展的主导目标。以林业产业发展的体制环境和自身追求的主导目标的重大变化为尺度，可以将自 1949—2019 年 70 年中国林业产业的发展划分为三个基本阶段：即第一个阶段是经济效益为主的发展阶段，第二个阶段是经济效益和生态效益并重阶段，第三个阶段是生态效益优先阶段（刘家顺，2006）。

　　第一阶段：经济效益为主阶段（1949—1981 年）。从新中国成立始至 1981 年《中共中央、国务院关于保护森林发展林业若干问题的决定》颁布时止，是中国林业产业发展的第一个阶段，也是中国林业产业体系的创建和发展时期。该阶段林业发展的主要任务是满足国民经济和社会发展对于林产品的需求。这一时期，经过短暂的过渡，中国确立了国有国营和集体所有集体经营的林业经营管理制度，林业在高度集中的计划经济体制下运行，市场机制的调节作用受到限制。该阶段建立了国家所有和集体所有的林权制度和国营与集体经营的制度，采取了稳定林权的政策，实行了以林养林的政策，对经济林生产给予税收、奖励和信贷扶持，在组织形式上进行新的尝试，开展公私合作造林，经营方式是"独立核算，自负盈亏"；分配原则是"各尽所能，评工记分，按劳分配"；生产方式是"以林为主，林农结合，多种经营，全面发展"。该阶段的突出特点是国家直接投资开展林业建设，对林业产业发展起到了至关重要的作用，确立以林养林的自我积累政策，实行育林基金和更改资金制度，对增强林业产业自我发展能力，加快森林资源的更新和木材生产能力的提高，发挥了重要的投资保障作用。与此同时，该阶段的林业产权制度不够稳定，缺乏林业长

远规划、管理标准体系不健全、各项政策不稳定，对林业产业发展产生了阻碍作用，甚至导致了森林资源的破坏，产业发展林业缺乏应有的内在动力，产业发展相对效率偏低。

第二阶段：经济与生态效益并重阶段（1982—1998 年）。 从 1981 年《中共中央、国务院关于保护森林发展林业若干问题的决定》颁布时起，至 1998 年陕西、四川、甘肃禁止天然林采伐时止，是中国林业产业发展的第二阶段。该阶段，林业发展的目标由以经济效益为主向生态效益和经济效益并重转变，林业经济体制改革迈出了重要步伐。在该阶段，农村林业改革得以推进，农村林业双层经营体制逐步建立。国有森工企业改革不断深化，林业企业经营自主权逐步扩大，对国有林场实行分类经营。木材生产、流通与分配实行指导性计划，木材产量按批准的采伐限额确定。森工企业由过去的统收统支到财务包干或盈亏包干阶段，逐步过渡到全面实行所得税政策。木材等主要林产品价格逐步放开，林业生产所需各类物资已完全由市场调节。林地使用权拍卖、活立木有偿转让进入市场化进程。林产品对外贸易的进一步扩大，加大了林业扶持力度，由主要依靠国家预算内投资，向广辟资金渠道、多方筹集资金转变，国家出台新政策，规定从事种植业、养殖业和农林产品初级加工业取得的所得暂免征收企业所得税，支持林业产业发展。这一阶段中国林业产业政策的特点主要表现在国有林业企业改革，增强了自我约束能力，各种林业生产要素的配置效率有了明显提高。与此同时，该阶段国有林业产权制度改革滞后，仍是导致林业产业发展难以持续，林业改革照搬其他部门的经验，没有充分考虑林业产业发展的特征。

第三阶段：生态效益优先阶段（1999—2019 年）。 以 1998 年实施天然林资源保护工程和退耕还林工程为标志，中国逐步确立了以生态建设为主的林业发展战略，实行了三大效益兼顾、生态效益优先的林业发展方针，林业产业也进入了一个全新的发展阶段。国家先后在编制和批复《重点地区速生丰产用材林基地建设规划》的基础上，编制下发了《全国林业产业发展规划纲要（2004—2010 年）》，形成《林业产业政策要点》，实施人造板、林产化工、竹子、森林公园等林业产业规划，下发《关于加快造纸工业原料林基地建设若干意见的通知》，编制并颁布了《全国林纸一体化工程建设"十五"及 2010 年专项规划》，明确"国家适当安排一部分专项投资、造纸林基地建设贷款纳入国家政策性银行贷款范围、国家财政按现行规定给予贴息"等投入政策。2016 年《林业"十三五"发展规划》提出建设国家储备林和木材战略储备基地，建设一批花卉苗木示范基地，发展木本粮油、特色经济林、林下经济、林业生物产业、沙产业、野生动物驯养繁殖利用示范基地，加快发展和提升森林旅游休闲康养、湿地度假、沙漠探秘、野生动物观赏产业，加快林产工业、林业装备制造业技术改造、自主创新，打造产业集群和示范园区等政策目标。该阶段，国家完善了贷款贴息扶持政策。2005 年 4 月，财政部、国家林业局出台《林业贷款中央财政贴息资金管理规定》，解决了林业龙头企业、各类经济实体、国有林场（苗圃）、集体林场（苗圃）、森工企业以及林农和林业职工个人从事林业产业发展项目足额贴息问题，新规定将按月贴息的办法改成了按年贴息。

三、1949—2019 年中国林业产业发展政策促进林业产业发展的绩效评价

以《中国林业统计年鉴》《中国农村统计年鉴》《中国统计年鉴》及《全国林业统计资料汇编 1949—1978》为数据来源，分析中国林业产业政策发展的绩效，其中，1949—1951 年的林业产业总产值由营林产值推导得出，1952—1980 年的林业产业总产值由图表得出较为粗略，1981—2000 年的林业产业总产值由林业产值推导得出。针对 2000 年之前结构数据的缺失根据变化趋势进行按比例的推导。统计结果表明，1949 年林业产业总产值为 13.3 亿元，2017 年林业产业总值达到 7.13 万亿元，增长了 5361 倍，实现了快速的增长。1949—1980 年期间，国家大力兴办国营林场，发展木材采运生产，全国林业产业总产值由 1949 年的 13.3 亿元增长到 1980 年的 137.2 亿元，增长了 9 倍。在中国确立建立社会主义市场经济体制改革目标两年后的 1994 年，林业产业产值首次登上千亿级台阶，达到 1337.5 亿元。在中国正式加入世贸组织 5 年后的 2006 年，林业产业产值首次登上了万亿级台阶，达到 10652.22 亿元。在中国全面实施集体林权制度改革两年后的 2010 年，林业产业产值又登上了 2 万亿元的台阶，达到 22779.02 亿元。党的十八大以后，中国从高速发展阶段进入中高速发展阶段，更加注重发展质量，到 2017 年中国林业产业产值再次跃上了 7 万亿元的台阶，达到 7.13 万亿元，为 1994 年的 53 倍，林业产业结构也明显优化，发展质量明显提升。

表 5-2　1949—2017 年中国林业产业总产值及产值构成

年份	林业产业总产值 （万元）	第一产业林产总值 （万元）	第二产业林产总值 （万元）	第三产业林产总值 （万元）
1949	133333	120400	12933	—

（续）

年份	林业产业总产值（万元）	第一产业林产总值（万元）	第二产业林产总值（万元）	第三产业林产总值（万元）
1950	141667	127358	14308	—
1951	175000	156625	18375	—
1952	252000	224532	27468	—
1953	360000	319320	40680	—
1954	400000	353200	46800	—
1955	380000	334020	45980	—
1956	500000	437500	62500	—
1957	530000	461630	68370	—
1958	620000	537540	82460	—
1959	770000	664510	105490	—
1960	780000	670020	109980	—
1961	420000	358680	60900	420
1962	399000	338751	59451	798
1963	410000	346040	62730	1230
1964	510000	427890	80070	2040
1965	520000	433680	83720	2600
1966	580000	480820	95700	3480
1967	510000	420240	86190	3570
1968	420000	343980	72660	3360
1969	500000	407000	88500	4500
1970	580000	469220	104980	5800
1971	680000	546720	125800	7480
1972	820000	655180	154980	9840
1973	910000	722540	175630	11830
1974	980000	773220	193060	13720
1975	990000	776160	198990	14850
1976	1100000	856900	225500	17600
1977	1130000	874620	236170	19210
1978	1220000	938180	259860	21960
1979	1300000	993200	282100	24700

（续）

年份	林业产业总产值 （万元）	第一产业林产总值 （万元）	第二产业林产总值 （万元）	第三产业林产总值 （万元）
1980	1372000	1041348	303212	27440
1981	1444000	1088776	324900	30324
1982	1528333	1144722	349988	33623
1983	1817143	1351954	423394	41794
1984	2382353	1760559	564618	57176
1985	2859091	2098573	689041	71477
1986	3143750	2291794	770219	81738
1987	3580645	2592387	891581	96677
1988	4588333	3299012	1160848	128473
1989	4913793	3508448	1262845	142500
1990	5898214	4181834	1539434	176946
1991	6812963	4796326	1805435	211202
1992	8126923	5680719	2186142	260062
1993	9880000	6856720	2697240	326040
1994	13375000	9215375	3704875	454750
1995	17747500	12139290	4987048	621163
1996	22228571	15093200	6335143	800229
1997	27260000	18345980	7905400	1008620
1998	32742308	22002831	9495269	1244208
1999	35452000	23433772	10635600	1382628
2000	39020833	25753750	11706250	1560833
2001	40904753	27036950	12416171	1451632
2002	46342420	29117206	14856912	2368302
2003	58603258	35180847	20074326	3348085
2004	68922066	38875371	25611234	4435461
2005	83852941	42765000	35218235	5869706
2006	106522163	47088160	51983970	7450032
2007	125334211	55462139	60339163	9532909
2008	144064129	63588230	68382467	12093432
2009	174937336	72252565	87179183	15505588

（续）

年份	林业产业总产值 （万元）	第一产业林产总值 （万元）	第二产业林产总值 （万元）	第三产业林产总值 （万元）
2010	227790232	88952112	118769494	20068626
2011	305967308	110561944	166883963	28521401
2012	394509075	137485185	208983022	48040868
2013	473154396	163737921	249761641	59654834
2014	540329423	185594583	280880407	73854433
2015	593627135	202073172	298933386	92620577
2016	648860444	216194380	320806675	111859389
2017	712670717	233654654	339527355	139488708

表 5-2 显示，21 世纪之后中国林业产业规模增速明显变大，实现较大增长。从增长结构上看，中国林业产业的增长在很大程度上是人工林种植业即林业第一产业发展推进的。但是，随着中国城市化的快速推进，社会和家庭对各类人造板材、绿化苗木和花卉的消费需求快速增长，为林业第二产业和第三产业的发展提供了良好的市场环境（盛见，2018）（图 5-1）。数据显示，1949—2019 年 70 年间，中国林业产业经历了第二产业产值迅速增长的过程，21 世纪后第二产业超过了第一产业的产值。

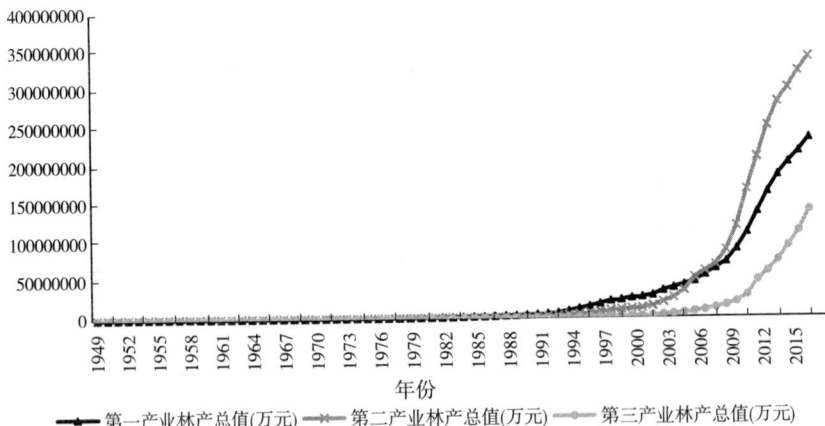

图 5-1　1949—2017 年中国林业产业结构变化

第一产业林产总值的同比增长率如图 5-2 所示，新中国成立初期增长速度较快，但波动较大。受 1959—1961 年期间"大跃进"以及牺牲农业发展工业的政策影响，1960—1962年增速出现断崖式下跌，最低为－46.5％。1982年后，第一产业林产总值的增速较为稳定，同比增长率均值为16％。

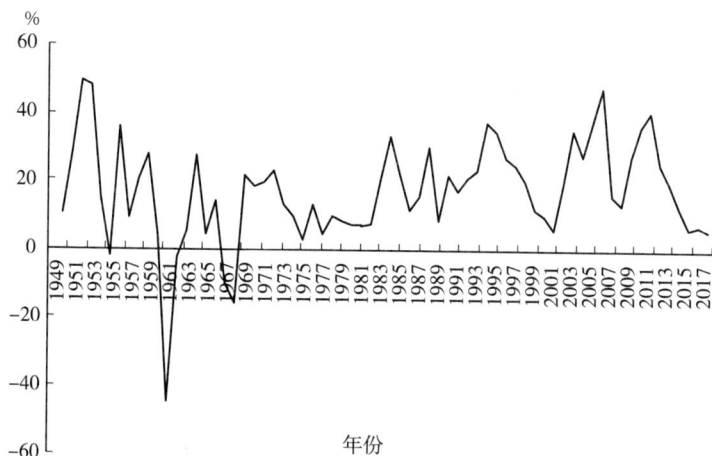

图 5-2　1949—2017年中国第一产业林产总值增长变化

第二产业林产总值的同比增长率如图5-3所示，由于缺失数据是按比例推导得到的，1999年的增速变化与第一产业基本一致。2000年之后，第二产业林产总值的增长率比第一产业林产总值增长率更高，均值为21.9％。

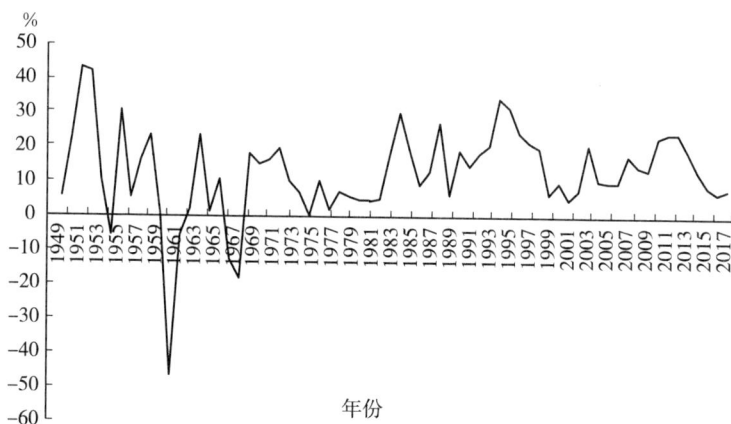

图 5-3　1949—2017年中国第二产业林产总值增长变化

第三产业林产总值的同比增长率如图5-4所示。1962—1964年同比增长率非常高，是因为第三产业林产刚刚出现，基数非常小所导致的增长率高。1978年党的十一届三中全会之后，随着林区有计划的商品经济的发展和林区群众生活水平的不断提高，人们要求加快发展林区第三产业的呼声越来越高了，第三产业林产总值增速总体不断上升。

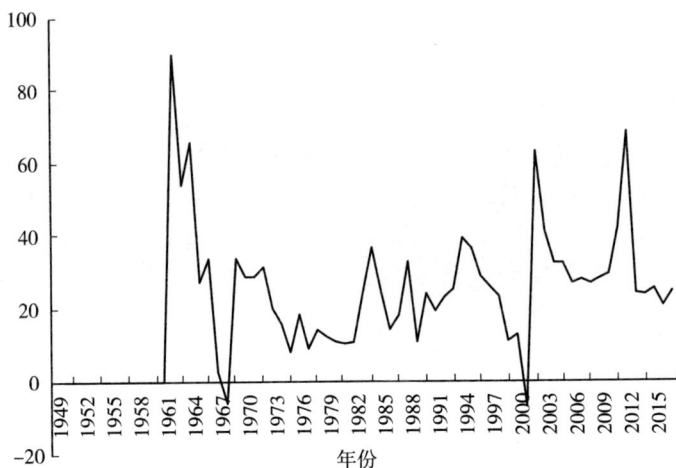

图 5-4　1949—2017 年中国第三产业林产总值增长变化

整体上看，新中国成立 70 年来，中国林业产业规模不断扩大，产业结构逐步优化，第一产业和第二产业稳中有进，以森林生态旅游和森林康养为代表的第三产业加速成长。

第六章 1949—2019 年中国林业政策变迁的整体特征及其规律的量化分析

中国林业已进入现代化建设新阶段。系统总结 1949 年以来中国林业政策法律法规创新发展取得的成效和经验，分析 1949 年以来中国林业政策法律法规变迁的历程，厘清规范性文件的发布主体和形式，梳理不同时段的规范性文件重点关注以及政策文件的执行效力，明确未来中国林业政策法律法规体系该如何制定和完善重点，将有助于探寻中国林业政策的演进特征及其内在逻辑，为新时代中国林业改革创新提供决策参考。以 1949 年以来中共中央、国务院及其相关部门和国家立法机关颁布实施的 283 个涉林规范性文件文本暨林业政策文件为研究对象，从文本发布数量、作用对象、发布部门、发布形式、政策工具以及政策效力六个维度构建特征分析框架，运用政策文献计量和内容分析方法分析中国林业政策的变迁特征及其发展规律（潘丹等，2019）。

一、数据来源与研究方法

1. 数据来源

涉林规范性文件文本的数据来源主要是中国林业网[①]、中国政府网[②]、国家发展和改革委员会[③]、国家财政部[④]，与林业相关的政府网站、万方数据库中的"法律"数据库[⑤]和北大法宝数据库[⑥]。首先，在上述数据库中输入"森林""造林""林业""林地""集体林区""木材""退耕还林"等关键词进行检

索，剔除重复内容后，从中选定政策法律法规文件文本 421 个。其次，以中共中央、国务院、全国人大及其常委会、国家行政主管部门等文本发布主体作为再检索的约束条件，对选定的 421 个涉林规范性文件文本再筛选；与此同时，邀请林业政策研究专家对选定的 421 个涉林规范性文件文本进行技术性评判。最后，确定 283 个涉林规范性文件文本为研究的有效样本。涉林规范性文件文本的种类（形式）主要有指示、决定、决议、通知、法律、法规、条例、办法、意见和实施细则等。在此基础上，对确定的 283 个涉林规范性文件文本的发布年份与发布部门等相关信息进行整理并构建数据库。

按照时间序列发布的重要涉林规范性文件文本见表 6-1。

表 6-1　中国林业政策法律法规重要文件

发布年份	发布部门	文件名称
1949	中国人民政治协商会议	《中国人民政治协商会议共同纲领》
1950	中央人民政府	《中华人民共和国土地改革法》
1952	政务院	《政务院关于严防森林火灾的指示》
1953	政务院	《政务院关于发动群众开展造林、育林、让林工作的指示》
1954	政务院	《政务院关于春耕生产的指示》
1956	中共中央、国务院	《关于加强护林防火工作的紧急指示》
1957	国务院	《中华人民共和国水土保持暂行纲要》
1958	中共中央、国务院	《关于在全国大规模造林的指示》
1960	全国人民代表大会	《全国农业发展纲要》
1963	国务院	《国务院关于黄河中游地区水土保持工作的决定》
1973	农林部	《森林采伐更新规程》
1978	中共中央	《农村人民公社工作条例（试行草案）》
1979	全国人大常委会	《中华人民共和国环境保护法》
1979	全国人大常委会	《中华人民共和国森林法》
1979	全国人大常委会	《关于植树节的决议》
1979	中共中央	《关于加快农业发展若干问题的决定》
1980	中共中央、国务院	《关于大力开展植树造林的指示》
1980	国务院	《关于坚决制止乱砍滥伐森林的紧急通知》
1981	中共中央、国务院	《关于保护森林发展林业若干问题的决定》
1981	全国人民代表大会	《关于开展全民义务植树运动的决议》
1982	中共中央	《全国农村工作会议纪要》

（续）

发布年份	发布部门	文件名称
1982	国务院	《关于开展全民义务植树运动的实施办法》
1982	中共中央、国务院	《关于制止乱砍滥伐森林的紧急指示》
1983	中共中央	《当前农村经济政策的若干问题》
1984	中共中央、国务院	《关于深入扎实地开展绿化祖国运动的指示》
1984	全国人大常委会	《中华人民共和国森林法》
1985	中共中央、国务院	《关于进一步活跃农村经济的十项政策》
1985	林业部	《森林和野生动物类型自然保护区管理办法》
1986	林业部	《中华人民共和国森林法实施细则》
1986	中央绿化委员会	《中央绿化委员会关于进一步推动绿化工作的建议》
1987	中共中央、国务院	《关于加强南方集体林区森林资源管理坚决制止乱砍滥伐的指示》
1987	林业部	《森林采伐更新管理办法》
1988	国务院	《森林防火条例》
1988	林业部	《封山育林管理暂行办法》
1989	国务院	《森林病虫害防治条例》
1989	全国人大常委会	《中华人民共和国环境保护法》
1991	全国人大常委会	《中华人民共和国水土保持法》
1991	中共中央	《关于进一步加强农业和农村工作的决定》
1993	全国人大常委会	《中华人民共和国农业法》
1993	中共中央、国务院	《关于当前农业和农村经济发展的若干政策措施》
1994	国务院办公厅	《关于加强森林资源保护管理工作的通知》
1994	国务院	《自然保护区条例》
1995	林业部	《中国 21 世纪议程林业行动计划》
1996	国务院	《野生植物保护条例》
1998	中共中央、国务院	《关于做好 1998 年农业和农村工作的意见》
1998	国务院	《关于保护森林资源制止毁林开垦和乱占林地的通知》
1998	中共中央	《关于农业和农村工作若干重大问题的决定》
1998	中共中央、国务院	《关于灾后重建、整治江湖、兴修水利的若干意见》
2001	国务院	《全国生态环境保护纲要》
2002	国务院	《退耕还林条例》
2003	中共中央、国务院	《关于加快林业发展的决定》

（续）

发布年份	发布部门	文件名称
2003	中共中央、国务院	《关于促进农民增加收入若干政策的意见》
2004	中共中央、国务院	《关于进一步加强农村工作提高农业综合生产能力若干政策的意见》
2005	国务院	《全国防沙治沙规划（2005—2010 年）》
2005	中共中央、国务院	《关于推进社会主义新农村建设的若干意见》
2007	中共中央、国务院	《关于积极发展现代农业扎实推进社会主义新农村建设的若干意见》
2007	中共中央、国务院	《关于切实加强农业基础建设进一步促进农业发展农民增收的若干意见》
2008	国务院	《森林防火条例（2008 修订）》
2008	中共中央、国务院	《关于全面推进集体林权制度改革的意见》
2009	全国人大常委会	《中华人民共和国森林法（2009 修正）》
2009	国家林业局	《国家林业局关于改革和完善集体林采伐管理的意见》
2010	国务院	《全国林地保护利用规划纲要（2010—2020 年）》
2010	国家林业局	《全国特色经济林产业发展规划（2011—2020 年）》
2011	国务院	《中华人民共和国森林法实施条例（2011 修订）》
2011	国务院	《森林采伐更新管理办法（2011 修订）》
2012	国务院办公厅	《国家森林火灾应急预案》
2012	国家旅游局	《国家旅游局办公室关于加强旅游景区森林草原防火工作的通知》
2012	国家林业局	《国家林业局关于加快科技创新促进现代林业发展的意见》
2013	国家林业局	《国家林业局关于切实加强天保工程区森林抚育工作的指导意见》
2013	国家林业局	《国家林业局 2013 年工作要点》
2013	国家林业局	《中国智慧林业发展指导意见》
2014	国家林业局	《国家林业局 2014 年工作要点》
2015	国家林业局	《国家林业局关于严格保护天然林的通知》
2016	国务院	《中华人民共和国森林法实施条例（2016 修订）》
2016	国务院	《退耕还林条例（2016 修订）》
2016	国家林业局	《森林公园管理办法（2016 修改）》
2016	国家林业局	《国家林业局关于加快实施创新驱动发展战略支撑林业现代化建设的意见》

（续）

发布年份	发布部门	文件名称
2016	国家林业局	《国家林业局办公室关于切实做好洪涝灾害林业灾后恢复重建工作的通知》
2017	国家林业局	《国家林业局关于深入学习贯彻习近平总书记重要指示精神进一步深化集体林权制度改革的通知》
2018	国务院	《中华人民共和国森林法实施条例（2018 修正）》
2018	国家林业和草原局	《国家林业和草原局关于进一步放活集体林经营权的意见》
2018	全国绿化委员会、国家林业和草原局	《全国绿化委员会、国家林业和草原局关于积极推进大规模国土绿化行动的意见》

2. 研究方法

从文本数据挖掘的角度，借鉴和使用政策文献计量（李江等，2015）和内容分析方法（吕晓等，2015）对中国林业政策演进规律进行分析，可以更好地揭示和准确把握政策演进特征、规律及其发展趋势（牛善栋等，2017）。同时，基于政策文献具有的多维性特征，参考和借鉴芈凌云（2017）的研究思路和方法，从文件文本的发布年度、作用对象、发布主体、发布形式、政策工具以及政策效力六个维度构建中国涉林规范性文件文本特征量化分析框架。涉林规范性文件文本发布年度的跨度为 1949 年新中国成立到 2019 年共计 70 年，文本发布年度能够从时间维度上反映林业政策的整体演进特征。涉林规范性文件文本的作用对象是指涉林规范性文件文本所关注的具体林业问题，具体包括植树造林、森林灾害、森林生物资源、退耕还林、森林采伐、气候变化、林业经济扶持、森林权属等方面，能够反映涉林规范性文件文本主要内容及其关注重点的演进特征。涉林规范性文件文本发布主体是指文件制定与颁布的有权国家机构及其相关职能部门，能够反映文件制定或执行中的有权国家机构之间的合作程度及其运行特征。涉林规范性文件文本发布形式（种类）能够反映文件的权威性和执行力度等特征。政策工具是指政府所采取的用于推动政策内容贯彻落实的措施和手段的集合，能够反映政府行政管理手段及其有效性特征。根据经济发展和合作组织、世界银行（世界银行、环境局等，1998）以及其他相关机构的研究成果，将林业政策工具分为命令控制型、经济激励型、信息公开型和自愿参与型四大类。借鉴相关研究（彭纪生等，2008；张国兴等，2014），从政策力度、政策目标、政策措施、政策反馈四个维度构建中国林业政策效力评估模型及其量化标准，具体如表 6-2 所示。

表 6-2　中国林业政策效力评估的量化标准

指标	赋值	评判标准
政策力度 P	5	全国人民代表大会及其常务委员会颁布的法律
	4	中共中央、国务院发布的决定、意见、通知、条例、规定
	3	国务院颁布的暂行条例和规定；国务院各部委颁布的条例、规定
	2	国务院各部委颁布的意见、办法、实施方案
	1	国务院各部委颁布的通知、规划
政策目标 G	5	政策目标清晰明确且可量化，例如明确了新增森林面积或森林覆盖率目标
	3	政策目标清晰，但没有具体的量化标准。例如明确要求保护森林，制定了林业目标，但未要求强制执行
	1	仅从宏观层面表达了政策的愿景，未出台相关措施、办法
政策措施 M	5	列出具体措施，针对每一项均给出严格的执行与控制标准，并对其进行具体说明
	4	列出具体措施，针对每一项给出较详细的执行与控制标准
	3	列出较具体的措施，从多个方面分类给出大体的执行内容
	2	列出一些基础措施，并给出简要的执行内容
	1	仅从宏观上谈及相关内容，没有具体操作方案
政策反馈 F	5	有明确的监督方式和负责部门，且定期有反馈文件
	3	有明确的监督方式和负责部门，但反馈不足
	1	没有监督和反馈

　　注：为便于评估人员对量化标准的理解，该表中的政策目标和政策反馈只给出了 5、3、1 分三个差别较大的分值，4 分及 2 分的量化标准分别介于相邻的标准分值之间。

　　政策力度（Policy Power）用于衡量涉林规范性文件文本的法律效力和行政影响力，由规范性文件发布部门的级别决定。政策目标（Policy Goal）用于描述涉林规范性文件文本中所要实现目标的具体程度，目标越量化，得分越高。政策措施（Policy Method）是指涉林规范性文件文本中政府为实现林业政策目标所采用的具体方法和手段。政策反馈（Policy Feedback）是指涉林规范性文件文本在执行过程中是否规定有阶段性的执行报告和反馈机制。一般而言，涉林规范性文件文本发布部门的级别越高，文件的政策力度越大，同时由于文件在目标具体性和措施翔实性方面相对减弱，由此会相对降低文件在政策目标和政策措施上的得分。相应地，级别较低的政府机构颁布的政策往往更具体，政策执行中的可操作性和协调性会增加，其在政策目标和政策措施上的得分较高。根据政策效率冲突理论，涉林规范性文件发布数量的上升会引起政策力度的下降，相应的政策目标、措施和反馈得分会同时上升。

基于上述分析，设计以下理论模型来综合评估中国涉林规范性文件文本的整体效力，并依此厘清中国林业政策的演进特征及其发展规律。

3. 中国林业政策效力评估模型选择

借鉴和参考彭纪生等（2008）和张国兴等（2014）的方法，在确定政策效力量化标准的基础上，采取由不同人员组成多组评估小组对涉林规范性文件文本进行多轮打分的方法来定量评估中国林业政策效力。为了保证同质性信度，邀请了 10 位专家分成 3 组对政策同步打分，其中包括从事林业经济管理和林业政策法律法规教学和科研工作的高校教师 4 名，国家和省级林业行政主管部门资源保护和林业政策法规工作职能处室工作人员 4 名和项目组专家成员 2 名。评估步骤为：首先进行预调试，从 283 项政策中随机抽取 20 项政策，由每位小组成员依据量化标准独立进行打分，比较分数结果，方向一致率[①]超过 95% 则认为量化标准可靠，反之则说明量化标准不清晰，需对量化标准进行优化；随后，再由 10 位专家根据量化标准对政策进行评分，取算数平均数作为结果，以保证研究结果的科学性。在评分过程中，如果同一个涉林规范性文件文本采用了多个政策措施或同时实现了多个政策目标，则根据量化标准对其分别评分。中国林业政策效力的计算公式为：

$$TPE_i = \sum_{j=1}^{N}(M_j + G_j + F_j)P_j \tag{6-1}$$

$$ATPE_i = \frac{\sum_{j=1}^{N}(M_j + G_j + F_j)P_j}{N} \tag{6-2}$$

（6-1）、（6-2）式中，i 为涉林规范性文件文本的发布年度，$i=[1949，2019]$；N 为第 i 年颁布的涉林规范性文件文本数量；j 为第 i 年颁布的第 j 项林业政策；M_j、G_j、F_j 分别为第 j 项林业政策的政策目标、政策措施、政策反馈的得分；P_j 为第 j 项林业政策的政策力度得分；TPE_i 为第 i 年林业政策的整体效力；$ATPE_i$ 为第 i 年林业政策的平均效力。

---

① 指小组成员的量化趋向分布的相同一侧而数值不同。

二、中国林业政策发布年度特征分析

图 6-1 显示，1949 年以来中国涉林规范性文件文本数量总体上呈现上升—停滞—上升的趋势，且具有明显的阶段性特征，具体表现为四个阶段。

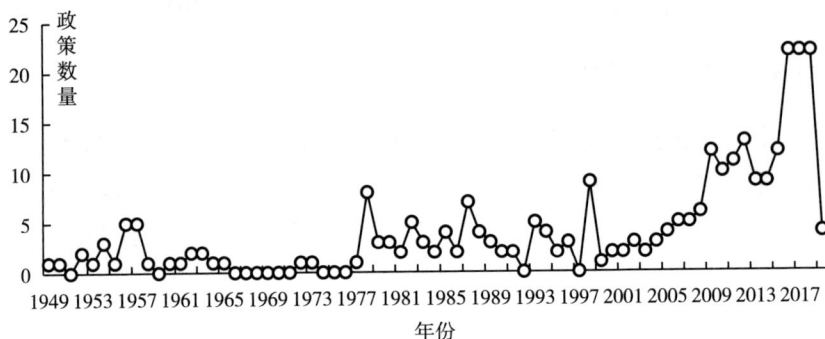

图 6-1　1949—2017 年中国涉林规范性文件文本发布数量分布

第一个阶段：政策发布的起始阶段（1949—1957 年）。 1949 年新中国成立，面对治愈战争创伤和恢复经济的需要，国家制定了一系列林业政策保护和发展森林资源。1949 年《中国人民政治协商会议共同纲领》作出了"保护森林并有计划地发展林业"的规定。这一时期国家发布的专门林业政策数量整体较少，政策文件文本数量在时间上呈现上升趋势。

第二个阶段：政策发布的挫折阶段（1958—1977 年）。 1958—1977 年中国先后经历了"大跃进"、三年困难时期、国民经济调整和"文化大革命"等历史阶段。这一时期，政策文件文本发布数量极少，林业建设基本停滞，森林资源保护和发展遭遇巨大阻力。1958 年中共中央、国务院发布了《关于在全国大规模造林的指示》和 1973 年农林部发布了《森林采伐更新规程》。

第三个阶段：政策发布的徘徊阶段（1978—2008 年）。 这一阶段，中国林业发展先后经历了恢复发展（1978—1983 年）、加强森林保护（1984—1991年）和可持续发展（1992—1997 年）和进入全面发展（1998 年以后）等阶段。总体上看，这一阶段林业政策文件文本数量较少，其中较为特殊的是 1999 年涉林规范性文件文本数量突然上升，这与 1998 年长江、嫩江、松花江流域发生特大洪灾造成极其严重损失紧密相关，党和政府对林业政策做出重大调整，随即 1999 年涉林规范性文件文本发布数量达到一个高峰。除去 1999 年，其余年份的涉林规范性文件文本发布数量明显偏少，年均数量在 0～6 个之间。

　　第四个阶段：政策发布的加强阶段（2009—2019 年）。这一时期，中国林业现代化建设成为中国林业政策关注的焦点，相应新出台的林业政策文件文本数量与过去相比成倍数增长，仅 2016 年和 2017 年出台的涉林规范性文件文本数量就多达 22 个，其中最具标志性意义的涉林规范性文件文本为 2008 年 6 月中共中央、国务院发布的《关于全面推进集体林权制度改革的意见》。

三、中国林业政策作用对象及其变化特征分析

　　图 6-2 显示了中国林业政策作用对象及其变化特征。

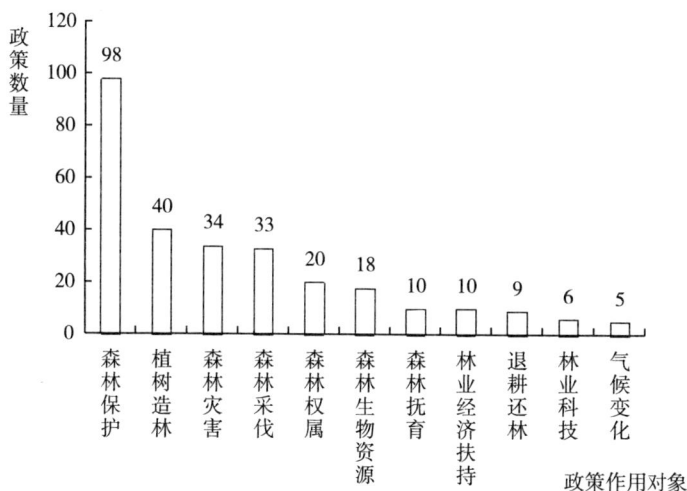

图 6-2　1949—2019 年中国林业政策作用对象

1. 林业政策的着力点长期关注森林保护整体层面

　　1949 年以来中国发布的涉林规范性文件文本中以"森林保护"为对象的文本数量最多，占比 36.63%。1985 年木材市场全面放开之后，出现了全国性的林业资源危机和资金危困，1986 年和 1987 年中国发生的多起森林火灾进一步加重了森林资源危机。面对这一局面，党和政府颁布了一系列加强保护森林资源的政策。其中的重要文件有 1985 年《关于进一步活跃农村经济的十项政策》、1987 年《关于加强南方集体林区森林资源管理坚决制止乱砍滥伐的指示》和 1994 年《关于加强森林资源保护管理工作的通知》。1998 年长江、嫩

江、松花江流域特大洪灾推动了中国林业发展战略的重大调整，国家出台了具有重大战略指导意义的政策文件，主要有 1998 年《关于保护森林资源制止毁林开垦和乱占林地的通知》和《关于灾后重建、整治江湖、兴修水利的若干意见》、2002 年《退耕还林条例》和 2003 年《关于加快林业发展的决定》。1992年之后，为响应联合国《21 世纪议程》确立可持续发展理念，中国政府发布了加强森林生物资源保护的文件，主要有 1994 年《中国 21 世纪议程林业行动计划》和《自然保护区条例》、1996 年《野生植物保护条例》和《中国跨世纪绿色工程规划（1996—2000 年）》以及 2010 年《全国林地保护利用规划纲要（2010—2020 年）》等。

2. 森林采伐、森林灾害和植树造林是中国林业政策的重点关注对象

林业政策长期关注的重点是森林采伐、森林灾害和植树造林。具体而言，在森林采伐方面，代表性的文件是 1979 年国务院发布的《关于保护森林制止乱砍滥伐的布告》、1987 年《关于加强南方集体林区森林资源管理坚决制止乱砍滥伐的指示》和 1998 年《关于保护森林资源制止毁林开垦和乱占林地的通知》。在植树造林方面，主要有 1958 年《中共中央、国务院关于在全国大规模造林的指示》、1980 年《关于大力开展植树造林的指示》《国务院批转"三北"防护林建设领导小组会议纪要》、1982 年《关于开展全民义务植树运动的实施办法》和 2016 年国家发展和改革委员会、国家林业局发布《关于加强长江经济带造林绿化的指导意见》等文件，这些政策推动了中国历史上规模空前的植树造林运动。在森林灾害方面，代表性的文件是 1988 年国务院发布的《森林防火条例》。

3. 林业经济扶持、林业科技和应对气候变化是近 10 年中国林业政策新的关注点

进入 21 世纪，中国政府密集出台林业经济扶持政策，主要的有 2003 年《关于加快林业发展的决定》和《关于促进农民增加收入若干政策的意见》和 2010 年《全国特色经济林产业发展规划（2011—2020 年）》等。同期国家支持林业科技发展的政策文件主要是 2012 年《国家林业局关于加快科技创新促进现代林业发展的意见》。随着全球变暖问题成为世界性热点话题，原国家林业局于 2009 年发布《应对气候变化林业行动计划》，并从 2011 年开始陆续出台以应对气候变化为主题的政策文件。

4. 集体森林权属管理保护暨林权制度改革是中国林业政策的重点关注

新中国成立初期,《中华人民共和国土地改革法》和《中华人民共和国宪法》均对森林权属做出了界定。1978 年之后,1981 年中共中央、国务院发布《关于保护森林发展林业若干问题的决定》启动改革开放以来第一次中国林权制度改革。2003 年中共中央、国务院发布《关于加快林业发展的决定》拉开改革开放以来中国第二次林权制度改革序幕,2008 年中共中央、国务院发布《关于全面推进集体林权制度改革的意见》全面启动新一轮集体林权制度改革。

5. 森林抚育和退耕还林是中国林业政策关注的相对薄弱点

在森林抚育方面,最具代表性的文件是 1988 年原林业部发布的《封山育林管理暂行办法》。1978 年之后,中国发布专注森林抚育最为重要的文件是 2013 年《国家林业局关于切实加强天保工程区森林抚育工作的指导意见》,但是政策文件总数量相对偏少。在退耕还林方面,代表性的文件是 2002 年国务院发布的《退耕还林条例》,随后中国各级政府部门出台了一系列配套文件和管理办法。

四、中国林业政策发布主体特征分析

表 6-3 列出了中国涉林规范性文件文本的发布主体。从表 6-3 可以看出,1949 年以来中国林业政策发布主体呈现以下四个特点:

第一,发布主体呈现多元化特征。中国林业政策发布主体共涉及 44 个部门和单位(变更的政府部门和机构未合并处理),具体有中共中央、国务院、全国人大、国家林业行政主管机关、国家发展和改革委员会、国务院办公厅、财政部、国家旅游局等部门,同时,国务院其他部门也在一定程度上参与了政策制定。

第二,中共中央、国务院、国家林业行政主管部门对林业政策给予的关注最多,制定的政策文件数量也最多。这三个主体单独制定的政策文件数占总发布件数的 69.96%,其余各部门制定政策文件数量所占比例较小,且多以与其他部门联合发文的形式参与政策制定。

第三,涉林规范性文件文本发布主体的行政级别较高。由中共中央、全国人大、全国人大常委会和国务院参与发布的涉林规范性文件文本数占总发布件数的 40.64%。

第四,政策联合决策的程度偏低。在 283 个涉林规范性文件文本中,多部门联合发布的涉林规范性文件文本数量占同期涉林规范性文件文本总发布数的 9.54%。

表 6-3　中国林业政策发布主体情况统计

部门	涉林规范性文件文本发布总数	联合发布政策数量	部门	发布政策文件总数量	联合发布政策文件数量
全国人大	5	0	全国人大常委会	14	0
中共中央	32	26	国家发展和改革委员会	6	6
财政部	8	8	国家计划委员会	2	2
国务院	76	32	国家林业局	110	14
国家旅游局	2	1	国务院办公厅	16	0
国土资源部	2	1	全国绿化委员会	4	3
林业部	24	11	国家森林防火指挥部	2	1
水利部	2	2	中国保险监督管理委员会	1	1
国务院扶贫办	1	1	环境保护部	1	1
农业部	2	2	国家标准化管理委员会	1	0
国家经济贸易委员会	1	1	国家认证认可监督管理委员会	1	1
轻工业部	2	2	中国气象局	1	1
国家开发银行	1	1	中国农业发展银行	1	1
最高人民检察院	2	1	最高人民法院	3	1
国家工商行政管理总局	1	1	公安部	2	2
农牧渔业部	2	2	国家环境保护总局	1	1
共青团中央	1	1	商业部	2	2
交通部	2	1	国家建设委员会	1	1
农林部	2	1	农垦部	2	1
政务院	5	0	铁道部	1	1
中央人民政府	1	0	中央人民政治协商会议	1	0
国家林业和草原局	17	3	自然资源部	1	1

五、中国林业政策发布形式特征分析

表 6-4 列出了涉林规范性文件文本发布形式的统计分析数据。表 6-4 表明，1949 年以来中国涉林规范性文件文本发布层次相对偏低，在 283 个涉林

规范性文件文本中，大多数以通知、意见、规定、实施方案、条例、决定等形式发出，文件的权威性、规范性和强制性相对偏弱。以法律法规形式发出的只有 18 个，其中最为权威性的法律文件是《中华人民共和国森林法》。

表 6-4　中国林业政策发布形式统计

	法律法规	条例	规定	意见	决定	实施方案	办法	规划	通知
数量	18	14	30	38	12	14	17	6	134
比例（%）	6.36	4.95	10.60	13.43	4.24	4.95	6.01	2.12	47.34

六、中国林业政策工具特征分析

1. 中国林业政策工具类型划分

本书将中国林业政策工具分为命令控制型、经济激励型、信息公开型和自愿参与型四类（表 6-5）。命令控制型政策工具是指使用行政管理手段来实施的具有强制约束力的政策措施，中国的义务植树、限期制止乱砍滥伐、森林产量控制和木材采伐规格等属于命令控制型政策工具。经济激励型政策工具是指采用经济措施来影响"经济人"决策的政策措施，例如对破坏森林行为的罚款、税收优惠政策、交纳造林费和生态效益补偿基金等属于经济激励型政策工具。自愿参与型政策工具是指国家提出倡导和建议，个人和企业自愿选择是否参与的政策措施，例如鼓励植树造林、林农自愿投保和鼓励林业科学研究等属于自愿参与型政策工具。信息公开型政策工具是国家在行使管理职权的过程中，主动将信息向社会公众公开，由公众进行监督的政策措施，例如水土流失监测公告、公开举报邮箱等举报方式、林业政务公开制度和监督检查公开为信息公开型政策工具。

表 6-5　中国林业政策工具类型

命令控制型	经济激励型	信息公开型	自愿参与型
义务植树	对开垦、烧荒等行为罚款	水土流失监测公告	鼓励植树造林
限期制止乱砍滥伐	破坏森林罚款	公开举报邮箱等举报方式	林农自愿投保
破坏森林坐牢	税收优惠政策	林业政务公开制度	鼓励林业科学研究
森林产量控制	不种树交纳造林费	监督检查公开	
木材采伐规格	生态效益补偿基金		

2. 中国林业政策工具使用频次和联合使用特征分析

采用内容分析法对 283 个涉林规范性文件文本的政策工具的使用频次进行定量分析，分析结果如图 6-3 所示。对于部分涉林规范性文件文本使用多个政策工具的情况，依据上文关于涉林规范性文件文本发布年度特征分析中所划分的四个阶段，本书分别对各阶段的工具使用频次和使用情况进行考察，分析结果如图 6-4 所示。从图 6-3 所示的中国林业政策工具使用频次和图 6-4 所示的中国林业政策工具联合使用情况来看，1949 年以来中国林业政策工具使用情况呈现如下特征：

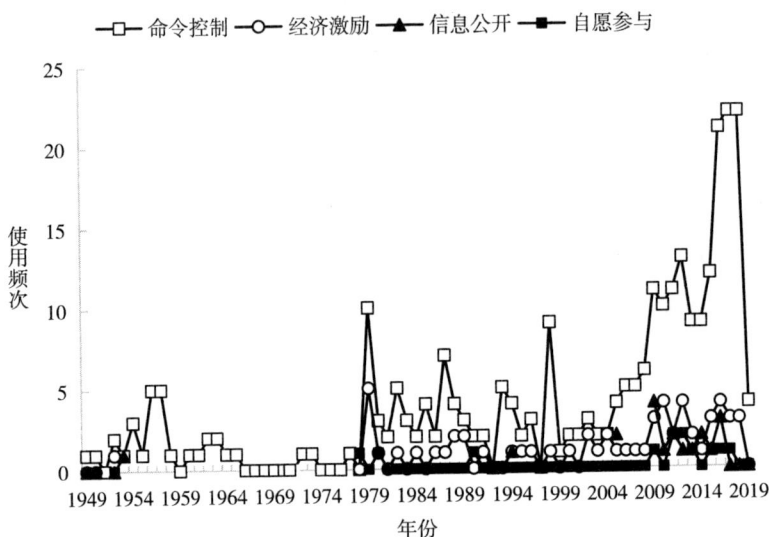

图 6-3　1949—2019 年中国林业政策工具使用频次分布

（1）中国林业政策工具涵盖了命令控制型、经济激励型、信息公开型和自愿参与型四类政策工具类型，政策工具使用的多样化程度总体上呈现不断提高的特征。1949—1957 年期间的政策工具联合使用情况较少，1958—1977 年期间全部使用命令控制型政策工具。1978—2008 年期间开始联合使用不同类型的政策工具，且主要是联合使用命令控制型和经济激励型两种政策工具。2009年之后，政策工具联合使用情况开始频繁。从 2011 年开始，四种政策工具类型得到全面使用。

（2）命令控制型政策工具是中国林业政策最为广泛使用的政策工具。1949年以来几乎每一个涉林规范性文件文本中都有命令控制政策工具的使用规范，

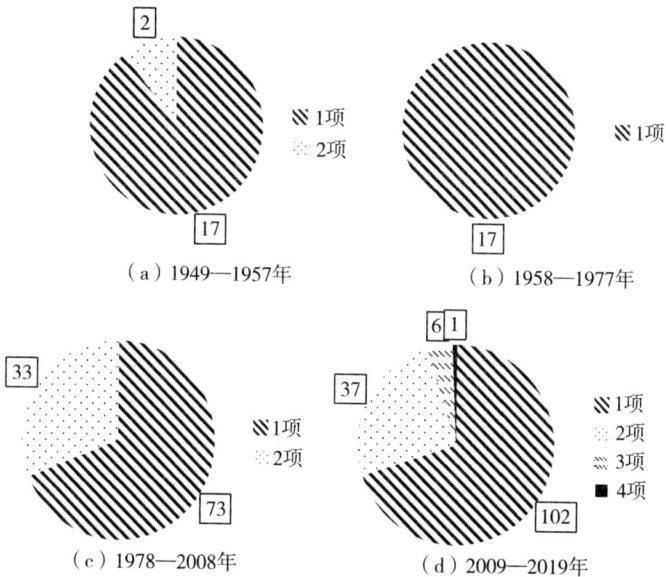

图 6-4　1949—2019 年中国林业政策工具联合使用情况
注：图中数字为涉林规范性文件文本中联合使用政策工具的项数及其频次。

命令型控制政策工具的使用频次为 279 次，占比高达 98.59％。

（3）经济激励型政策工具是中国林业政策最为偏好的政策工具选择。1949 年以来中国涉林规范性文件文本中经济激励型政策工具使用频次的占比为 20.85％。1952 年《政务院关于严防森林火灾的指示》第一次使用经济激励型政策工具，从 1978 年开始，该类型政策工具的使用频次呈现明显攀升趋势。经济激励型政策工具以罚款和补贴为主要手段，且两者的使用频次相当。以植树造林为主题的多个政策文件中都有使用罚款这一负向经济工具。1998 年《全国生态环境建设规划》、2002 年《退耕还林条例》和 2009 年《中央财政森林生态效益补偿基金管理办法》等都使用补贴这一正向经济工具。

（4）信息公开型和自愿参与型政策工具是中国林业政策最为欠缺的政策工具选择。1949 年以来中国涉林规范性文件文本中这两种类型政策工具的使用频次分别占比为 6.36％和 4.95％。1953 年《政务院关于发动群众开展造林、育林、护林工作的指示》首次使用自愿参与型政策工具，1978 年《农村人民公社工作条例（试行草案）》和 1980 年"三北"防护林建设工程使用了自愿参与型政策工具，2009 年原国家林业局发布的《关于切实加强集体林权流转管理工作的意见》中再次使用自愿参与型政策工具。随后发布的涉林规范性文件文本中该类型政策工具的使用频次呈现明显减少趋势。

3. 中国林业政策控制过程特征分析

借鉴许阳（2017）的方法，将中国林业政策控制过程分为事前控制、事中控制和事后控制三种类型。在本书中，事前控制是指对破坏森林行为发生之前的预防，主要包括林木采伐许可证、森林采伐限额、木材凭证运输制度和禁牧区禁伐区等具体手段。事中控制是指在森林保护过程中对"经济人"行为进行直接监督、指挥和指导，对可能或已经产生破坏森林的行为及时控制和调整，随时纠正行为偏差。事后控制是在破坏森林行为产生之后进行的控制，即通过森林损失的信息反馈，分析原因、认定责任、采取措施。在林业政策实践中，三种控制类型配合使用才能发挥最佳效用。采用内容分析法对 283 个涉林规范性文件文本的政策控制过程进行定量分析，林业政策控制过程频次分布如图6-5 所示。

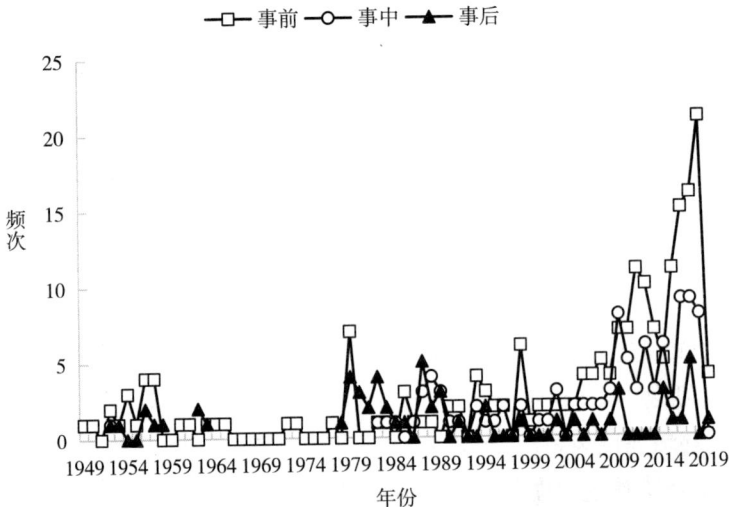

图 6-5 1949—2019 年中国林业政策控制过程频次分布

由图 6-6 可知，1949 年以来中国林业政策控制过程呈现出明显的阶段性特征。1949—1963 年，中国林业政策基本使用事前和事后控制，且两者联合使用；1964—1978 年，中国林业政策全部使用事前控制；1978—1982 年，中国林业政策全部使用事后控制；1983—1998 年，中国林业政策事后控制所占比例越来越低。中国林业政策事中控制在 1986 年开始增多，到 1991 年出现一个小高峰，一直到 2008 年均处于稳定状态，从 2008 年开始上升。由图 6-6 可知，从 1949—1957 年政策发布的启示阶段到 1958—1977 年政策发布的挫折阶段，政策控制过程的联合使用情况明显减少；1978—2008 年政策发布的徘徊阶段，林业政策控制过程的类型呈现多样化特征；2009—2019 年多样化趋势进一步发展。从 2000 年开始，三种控制过程在中国林业政策实践中得到了协调使用。在这一进程中，中国林业政策由应急性和临时性向系统性和整体性转变。

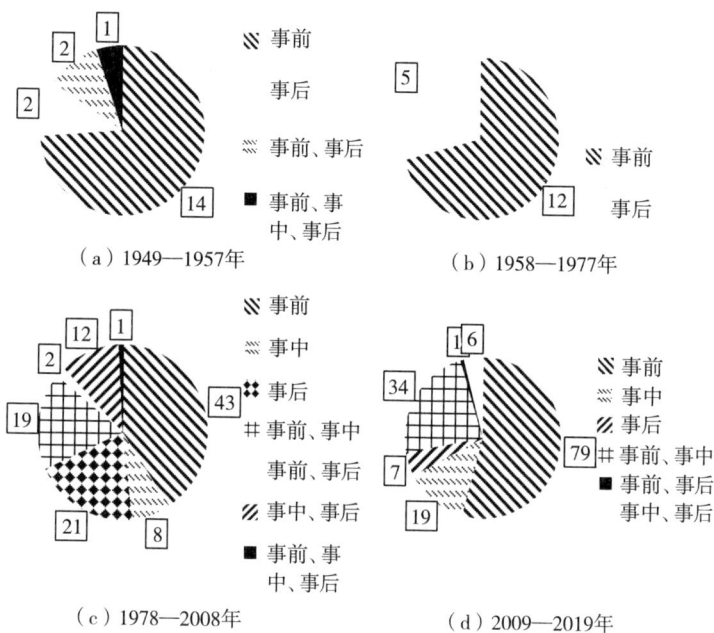

图 6-6 1949—2019 年中国林业政策控制过程联合使用情况
注：图中数字为涉林规范性文件文本中联合使用政策控制过程的频次。

七、中国林业政策效力特征分析

依据（6-1）、（6-2）式计算 1949 年以来中国林业政策的整体效力和平均效力得分，计算结果如图 6-7 所示。

从图 6-7 可以发现，1949 年以来中国林业政策整体效力总体上呈现上升趋势，且与政策数量呈同向变化，这表明中国政府对森林保护工作整体上的重视。但在 1964 年林业政策整体效力出现断崖式下跌，并停滞于 1978 年。中国林业政策平均效力呈现阶段式特征，1949—1964 年期间波动较大，1965—

1978 年期间出现断崖式下跌，1979—2001 年期间呈现政策平均效力较高但波动较大的特征，到 2002 年后趋向稳定下降。其中的原因在于：1949—1964 年期间发布的政策文件数量少，政策平均效力受单个政策影响较大，效力不稳定；1978—2001 年期间的政策文件发布部门级别高，政策力度大，但政策的配套性和系统性不够，影响了政策的执行效力；2002 年后涉林规范性文件文本发布的部门级别较低，政策的内容更为具体，政策的整体执行效力变强，又因文本发布数量较此之前的数量多，政策的平均效力下降。这也表明中国林业政策整体效力的提升主要是归因于政策文件数量的上升，政策文件的规模效益明显。

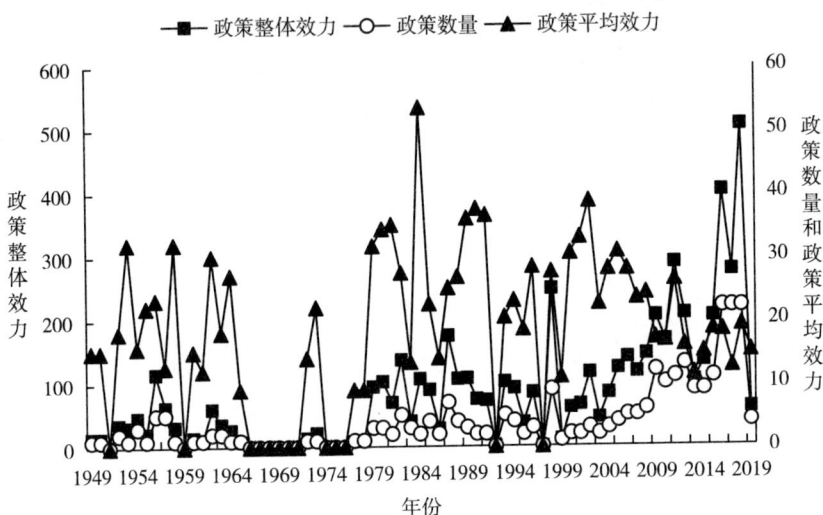

图 6-7　1949—2008 年林业政策整体效力和平均效力得分

为进一步了解中国林业政策平均效力变化的特征，本书分析政策力度、政策目标、政策措施和政策反馈的平均效力得分，分析结果如图 6-8 所示。由图 6-8 可知，政策力度的平均效力早期在较高位徘徊，1963 年经历断崖式下跌，1978 年又重新回到高位区徘徊。2006 年之后呈现下降趋势，平均得分低于 3 分。林业政策措施的平均效力在 1949—1964 年之前在较低位区，其间的政策都较为笼统，注重宏观而具体操作性不强。由于涉林规范性文件文本发布数量的减少，1964—1978 年期间政策措施的平均效力也出现断崖式下降。1979—2003 年期间政策措施波动幅度较大，在 2003 年之后稳步上升。林业政策措施的平均效力在 1986—1991 年、1995—1996 年和 2000—2002 年出现三个小高峰，其中的原因在于期间出台了很多操作性很强的实施细则、条例和管理办法。与政策措施的平均效力一样，林业政策目标和政策反馈的平均效力在

2003 年之前剧烈波动，在 2003 年之后稳定上升，这表明 2003 年之后的林业政策目标更加明确，政策效力的可度量程度变高，能够对政策执行过程中出现的问题进行调整，推动了林业政策执行动力和压力的同步上升。

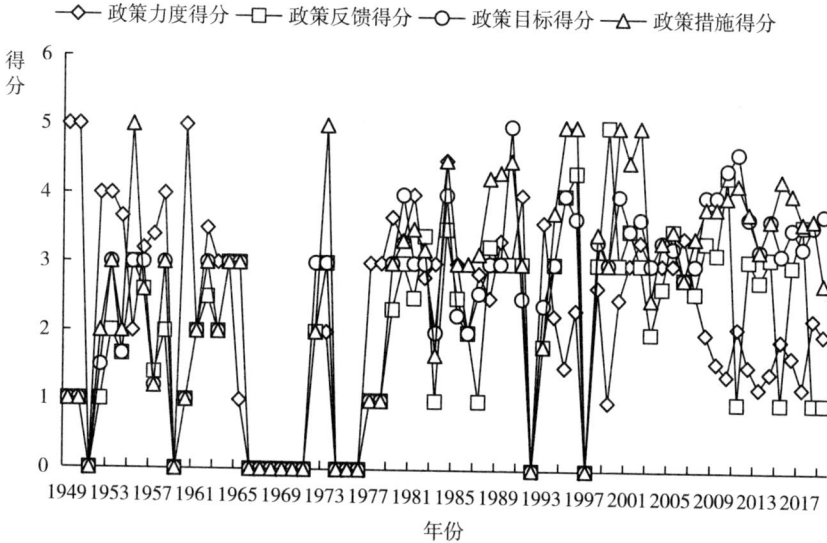

图 6-8 政策力度、政策目标、政策措施和政策反馈的平均效力得分

八、主要研究结论

第一，新中国成立 70 年来，党和政府高度重视林业在中国社会主义现代化建设中的重要作用，建立了比较完善的中国林业政策支持体系和法律法规体系，赋予林业在国民经济和社会发展以及生态文明建设中的基础作用和首要地位，开辟了中国林业改革发展与现代化建设新时代。在这期间，除 1958—1977 年外，中国涉林规范性文件文本发布数量表现出持续上升的整体态势，同时呈现前少后多的阶段性特征。1949—1957 年，国家制定了一系列林业政策奠定了中国林业建设和发展的资源基础。1958—1977 年，林业政策发布遭受挫折，中国林业发展受到重创。1978—2008 年，林业政策发布处于低位徘徊期，国家工作重心以经济建设为中心，对森林保护和林业工作的关注相对有限。2009—2019 年，林业政策发布处于增强期，党和政府对林业发展战略进行了重大调整，重要涉林规范性文件文本的密集出台推动了中国传统林业向现代林业战略性转变。

第二，中国林业政策重点关注对象与重点关注领域的长期性与阶段性特征明显。1949—2019 年 70 年间，森林资源保护始终是中国林业政策关注的重点。新中国成立初期林业政策重点关注森林采伐、森林灾害和植树造林，力图奠定中国林业发展的资源基础。20 世纪 80 年代中国政府对森林资源保护政策与林业发展战略作出重大调整，森林采伐、森林灾害和植树造林成为中国林业政策的重点关注领域。1978 年之后，中国政府密集出台鼓励植树造林政策推动了 20 世纪 80 年代中国历史上规模空前的植树造林运动。1987 年大兴安岭特大森林火灾推动了中国森林防火工作进入法制化轨道。20 世纪末，中国政府加大财政资金支持推动林业产业经济发展与林农林业收入增长。集体森林权属管理保护暨林权制度改革是中国林业政策关注的重点，2008 年全面启动的政策措施推动了中国集体林权制度改革和林业现代化建设。森林抚育没有成为中国林业政策的重点关注领域，退耕还林工程管理进入法制化轨道。

第三，中国涉林规范性文件文本发布主体呈现多元化特征。中共中央、国务院、全国人大及其常委会、国家林业行政主管部门对林业政策给予了最多关注。中共中央和国务院以及最高立法机关对中国林业工作给予了长期和高度的重视。中国林业政策制定以部门单独决策模式为主，跨部门联合决策情况比较欠缺。

第四，中国涉林规范性文件文本发布类型（形式）层次整体相对偏低，大多数文件以通知和意见的形式发布，文件的权威性、规范性和强制性相对偏弱。

第五，中国林业政策工具涵盖了命令控制型、经济激励型、信息公开型和自愿参与型四类，政策工具使用的多样化程度不断提高。命令控制型政策工具是政府控制和治理林业最为偏好的政策工具类型，经济激励型、信息公开型和自愿参与型政策工具使用仍然不足，多种政策工具联合使用有待加强。整体上看，中国林业政策由应急性和临时性向系统性和整体性转变，政策的科学性和针对性不断增强。1998 年之后，中国林业政策过程控制从此由侧重事后控制相应地转为更加注重事前控制。

第六，中国林业政策整体效力总体上呈现上升趋势，且与涉林规范性文件文本发布数量呈同向变化。中国林业政策平均效力相对不高的原因在于早期政策的配套性和系统性不够。后期较低级别部门发布的涉林规范性文件文本的内容更为具体，政策的整体执行效力变强，但是更多的涉林规范性文件文本的发布数量致使政策的平均效力下降。中国林业政策整体效力的提升主要归因于涉林规范性文件文本数量的规模效应。

九、主要政策启示

第一，要适应新时代中国林业现代化建设新需要，构建适应生态文明建设要求的现代林业政策支持体系和法律法规体系，注重政策创制过程的纵向协调与横向沟通，增强林业政策的统筹性和协调性。在制度设计上要充分考虑林业政策作用对象的协同性，建立和完善不同对象、不同部门之间在政策目标一致和政策措施上相互配合的现代化林业政策框架体系。

第二，要不断提高林业政策的规范性和实践执行力。要进一步梳理已有涉林法律法规中相关内容的全面性和包容性，研究出台针对更强的涉林规范性文件，要切实提高政策文件的可操作性和政策绩效的可观测性，要努力争取提高林业政策发布主体的权威性。例如可以结合新时代中国林业发展战略的再调整，探索研究出台以林业为主题的中央 1 号文件，全面、系统地部署新时代中国林业改革发展工作。

第三，要十分注重优化中国林业政策工具的联合使用，慎用命令控制型政策工具，增加经济激励型、信息公开型和自愿参与型政策工具的使用。中国林业政策实践已经表明，命令控制型政策工具的政策执行成本过高，甚至会出现偏离政策目标的现象，应慎用命令控制型政策工具。要充分发挥经济激励型、信息公开型和自愿参与型政策工具对林业发展的促进作用。例如，遵循"受益者补偿"原则，进一步完善和落实森林保护中的生态补偿机制，对环境友好型林业生产和生活行为进行补贴或奖励，以切实提高林业保护的积极性；还可以通过合理的制度设计，加强信息公开型和自愿参与型政策工具的运用。例如，在最新实施的林业生态扶贫领域，探索出台基于公众参与的林业生态扶贫新政策和新机制，全面提升林业在构建脱贫攻坚长效机制中的政策示范作用。

第四，要切实加强对森林抚育政策的关注度。森林抚育是提高中国森林质量的重要技术措施，快速城镇化加剧了农村劳动力转移，开展森林抚育面临资金和劳动力双重短缺的压力，中国现存面积巨大的中、幼龄林亟待通过森林抚育措施提高生产力，中国政府需要全面启动森林抚育工程，制定支持政策体系，发布更加有效的政策支持措施，投入更多资金和吸引更多的劳动力参与森林抚育工程。同时，退耕还林工程管理政策也需要做出适时调整，要以提高资金使用效率为中心，按照生态工程扶贫效益最大化原则，优化和调整工程布局和资金投放机制，实现工程生态质量改善与区域脱贫攻坚目标双赢。

第七章　1949—2019 年中国林业政策整体绩效及其时空演化规律

利用中国林业政策效力和林业发展指数，基于中国 31 个省（区、市）的相关统计数据，运用经济计量与空间计量分析模型，量化分析林业政策变迁与林业发展效应之间的相互关系，以明确林业政策变化影响林业发展水平的绩效程度、方向及其时空演化规律。

一、中国林业政策效力计算方法的选择

从政策力度、政策目标、政策措施、政策反馈四个维度构建中国林业政策效力评估模型及其量化标准，具体见第六章表 6-2。

中国林业政策效力的计算公式为：

$$TPE_i = \sum_{j=1}^{N} (M_j + G_j + F_j) P_j \tag{7-1}$$

式中变量含义同第六章公式（6-1）。

二、中国林业政策绩效评价的计量模型设定

1. 中国林业发展效应测定方法

在经济增长的投入—产出效应实证文献中，柯布—道格拉斯生产函数是最常用的模型。在一定生产要素投入下林业产出效应也满足基本的生产函数形式，因此，本研究采用传统 CD 生产函数模型，即：

$$Y_{it} = A_{it} K_{it}^{\alpha} L_{it}^{\beta} \tag{7-2}$$

式中，Y_{it}，K_{it}，L_{it} 分别代表第 i 省（区、市）第 t 年的林业产出水平、物质资本、劳动力数量的投入量，Y_{it} 表示林业产出水平为林业的经济、社会和生态综合产出；α，β 分别代表物质资本和劳动力数量产出弹性。Lucas（1998）认为人力资本为有效劳动力数量，是决定经济增长的重要生产投入要素，其大小由劳动力数量的多少以及劳动力受教育水平的高低共同决定，因

此，这里将考虑用劳动力受教育水平的人力资本量替代式（7-2）中的劳动力数量；同时，（Douglass C. North，1990）认为有效率的产权对经济增长起着十分重要的作用，因此，引入制度因素 I 作为内生变量，传统 CD 生产函数模型变换成：

$$Y_{it} = A_{it} K_{it}^{\alpha} R_{it}^{\beta} I_{it}^{\gamma} \tag{7-3}$$

式中，R_{it} 代表第 i 省（区、市）第 t 年的人力资本量，即为劳动力数量和人均受教育水平的乘积；I_{it}^{γ} 代表第 i 省（区、市）第 t 年的林业制度投入，本书中用林业政策效力替代；γ 代表林业制度投入的产出弹性；A_{it} 表示扣除土地、物质、人力资本和制度对林业产出的贡献之后影响林业生产率的其他因素。上述计量模型可通过对等式两边取对数变换为表达式（7-4）：

$$\ln Y_{it} = \ln A_{it} + \alpha \ln K_{it} + \beta \ln R_{it} + \gamma \ln I_{it} + \varepsilon \tag{7-4}$$

式中，ε 为随机扰动项。γ 即为中国林业政策的综合绩效——中国林业发展。

2. 空间相关性检验方法

空间计量分析的前提是保证研究单元存在空间范畴的相关性，目前大多数学者主要借助全局和局部自相关检验予以验证。其中，全局空间自相关（Global Moran's I）探测整个研究区域的空间模式，目的在于分析某种现象在空间上是否具有集聚的特性。

$$\text{Global Moran's I} = \frac{1}{\sum_{i=1}^{n}\sum_{j=1}^{n} w_{ij}} \cdot \frac{\sum_{i=1}^{n}\sum_{j=1}^{n} w_{ij}(H_i - \bar{H})(H_j - \bar{H})}{\sum_{i=1}^{n}(H_i - \bar{H})^2} \tag{7-5}$$

式中，H_i、H_j 分布代表省（区、市）i 和 j 的林业发展效应；$\bar{H}$ 为中国的平均林业发展效应；n 为省（区、市）数量；w_{ij} 为空间权重矩阵。

Global Moran's I 指数的取值范围为 [−1，1]，大于 0 表示空间正相关，观测属性在空间上呈集聚空间格局，并且越接近 1，其正相关性越强；小于 0 表示空间负相关，观测属性在空间上呈离散空间格局，并且越接近−1，其负相关性越强；当接近 0 时，观测属性不存在空间自相关，在空间上呈随机分布。基于研究的严谨性考虑，本书将进一步依据 Getis-Ord 指数 G^* 进行热点分析。冷热点分析是局部空间自相关中的一种判定方法，测度每一个观测单元与周围单元的聚类关系，目的在于衡量每个省（区、市）的林业发展效应与周围省（区、市）林业发展效应之间的关系，识别中国林业发展效应的冷点区域与热点区域。

$$G^* = \frac{\sum\limits_{j=1}^{n} w_{i,j} H_j - \bar{H} \sum\limits_{j=1}^{n} w_{i,j}}{s \sqrt{\dfrac{n \sum\limits_{j=1}^{n} w_{i,j}^2 - \left(\sum\limits_{j=1}^{n} w_{i,j}\right)^2}{n-1}}} \tag{7-6}$$

式中，H_j 是省（区、市）j 的属性值；$w_{i,j}$ 表示省（区、市）i 和 j 之间的空间权重；n 是样本点总数；$\bar{H}$ 为均值；S 为标准差。G^* 的统计结果为 Z 得分，记为 GiZScore。通过调用 ArcGIS 工具箱进行冷热点分析，分析具有集聚效应的冷热点区域。GiZScore 值越高，颜色越趋于红色，说明该省（区、市）的林业发展效应在空间上为热点区域；GiZScore 值越低，颜色越趋于蓝色，说明该省份的林业发展效应在空间上为冷点区域。

三、中国林业政策效力在时间维度上的变迁特征分析

1949 年以来中国林业政策整体效力总体上呈现上升趋势，如图 7-1 所示，这表明我国对森林保护工作整体上的重视。1949—1963 年处于低位，呈现波动式上升。1949 年林业政策整体效力为 15，1956 年处于阶段最高点，数值为

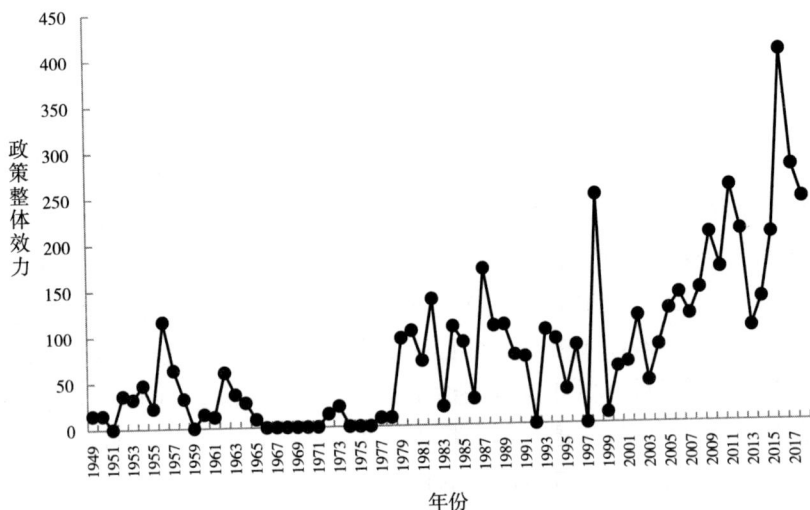

图 7-1　1949—2018 年林业政策整体效力

116。但在 1964 年林业政策整体效力出现断崖式下跌，并停滞于 1978 年，这是因为"文化大革命"期间中国林业发展处于停滞状态。1979—2018 年期间呈现政策效力较高但波动较大的特征。

四、中国林业发展效应指数及其在时间维度上的变迁特征分析

现代林业以追求经济、社会和生态三大效益最大化为理想目标，据此采用经济、社会和生态综合指数来量化林业发展的程度。经济指标是经营林业而获得的产业收益，主要反映林业经济增长的情况，采用林业产业总产值表示；社会指标指森林资源对促进人类社会发展产生的效益，主要反映农民收入和社会就业的情况，用农民人均纯林业收入和林业系统就业人数表示，农民人均林业纯收入以农民人均纯收入通过林业产业总产值与地区生产总值换算求得，林业系统就业人数由农村从业人数乘以按林业产业总产值占全国地区生产总值的比例求取；生态指标是对人类生存的环境系统在有序结构维持和动态平衡方面输出的效益（高岚，2005），森林资源越好，环境系统输出的效益越多，森林蓄积量能较好反映林业生态的质和量，因此，采用森林蓄积量表示。各省（区、市）地区生产总值、农民人均纯收入和乡村从业人员数来源于各省（区、市）《统计年鉴》，林业产业总产值来源于《中国林业统计年鉴》、森林蓄积量数据均来源于《中国环境统计年鉴》。对林业发展指数的求解过程如下：首先对每个指标取对数，再利用式（7-3）对各项指标进行无量纲处理：

$$S_i = \frac{V_i - V_{\min(i)}}{V_{\max(i)} - V_{\min(i)}} \times 10 \tag{7-7}$$

得到一个 0～10 之间的指数数值，然后对 3 个分指数再加权求和得到林业发展的总指数，权数为 4，2，2 和 2，而后得到各省（区、市）的林业发展指数，其平均林业发展指数如图 7-2 所示。

1949—2018 年 70 年间，中国林业发展指数从 3.910584 增长到 7.760639。分省看，1949 年林业发展指数从高到低依次为陕西、甘肃、四川、青海、宁夏，分别为 8.829164、8.489517、8.133907、7.960181 和 7.928685，低者为北京和内蒙古，分别为 2.843504 和 3.535786。各省（区、市）林业发展指数的标准偏差总体上在波动中逐渐缩小，1949 年为 1.327229，1950 年为最高水平

平均林业发展总指数

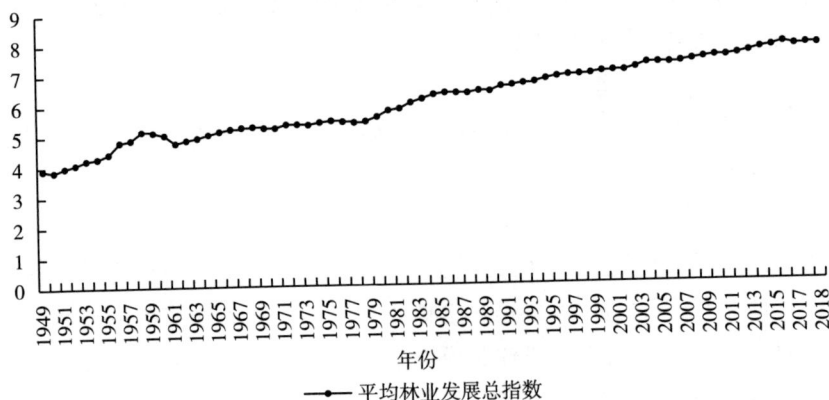

图 7-2 31 个省（区、市）的平均林业发展总指数（1949—2018 年）

1.402609，之后逐步减小，2003 年为最低水平 0.9088525，2018 年为 0.9572982。

林业发展指数的四个分指标平均变化如图 7-3 所示。林业产业总产值指数一直稳步上升，在 1949 年为 3.175732，到 2018 年增长至 9.005095，总共增长 1.84 倍，年均增长率为 1.55%。农民人均纯林业收入指数在波动中逐步上升，在 1949 年为 2.862872，到 2018 年增长至 7.299216，总共增长 1.55 倍，年均增长率为 1.41%。林业系统就业人数指数先增长后下降，整体来说上升，在 1949 年为 4.958226，到 2018 年为 5.83629。森林蓄积量指数总体维持在

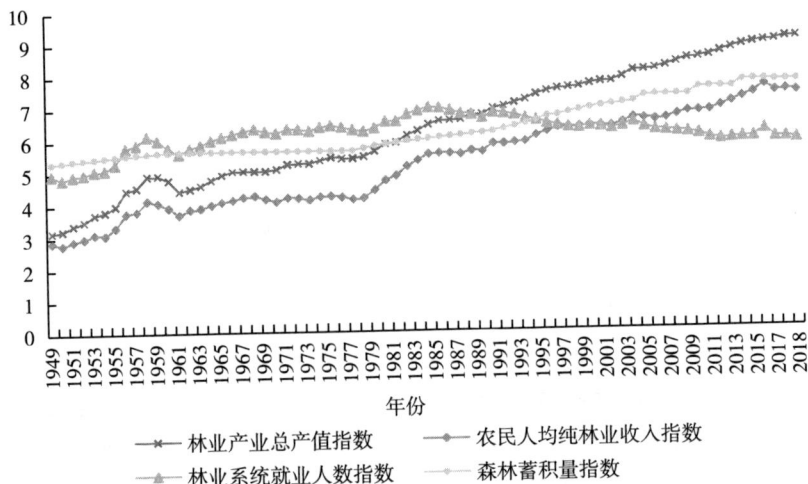

图 7-3 31 个省（区、市）的林业发展指标变化趋势（1949—2018 年）

5~8 之间，在 1979 年之前变动幅度较小，1979 年之后才有明显变动，在 1949 年为 5.331060，到 2018 年为 7.657497。

五、其他影响中国林业政策绩效的因素在时间维度上的变迁特征分析

林业物质投入指标和人力资本投入指标是影响林业产出的重要投入要素之一。采用林业固定资产投资额为衡量指标，数据来源于《中国林业统计年鉴》。林业固定资产投资包括建筑工程、安装工程、设备、工具、器具购置以及其他投资额。各省（区、市）林业固定资产投资额在 1949—1991 年处于较缓慢增长期，1992—2018 年处于快速增长期。林业固定资产投资额则从 1949 年的 1000 万元增长到 1991 年的 272236 万元，2018 年再增长到 25825000 万元。

人力资本投入由农村林业从业人员乘以人均受教育年限计算得出，其中涉及两个方面的数据，一是农村林业从业人员，由农村从业人数乘以按林业产业总产值占全国地区生产总值的比例求取，均来源于《中国统计年鉴》中的农村从业人员、地区生产总值的统计数据。二是人均受教育年限，数据来源于《中国农村经济统计年鉴》中的人均受教育水平，具体计算方法是：将每一年受教育程度按一定教育年限进行折算，对于年限处理的方法是：大专及以上教育以

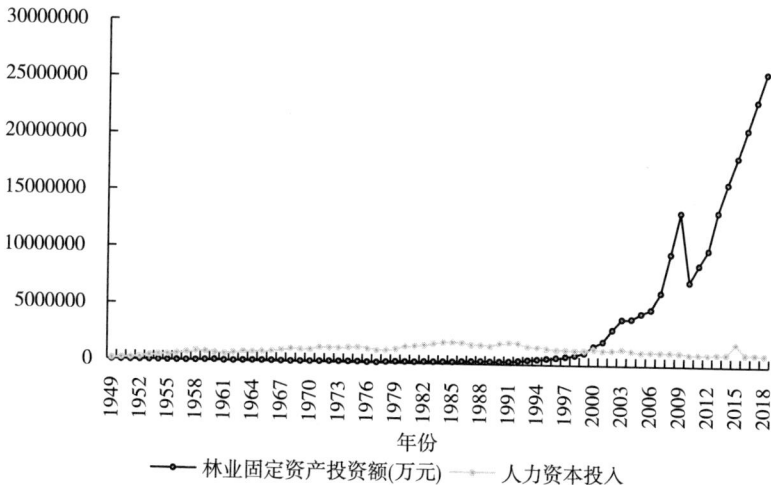

图 7-4 31 个省（区、市）的林业固定资产投资额和人力资本投入变化趋势(1949—2018 年)

15.5 年计算，高中（中专）、初中、小学和文盲分别以 12、9、6 年和 0 年计算。各省（区、市）平均人力资本投入先增长后下降，从 1949 年的 121970.3 年增长到 1991 年的 1898475 年，2018 年下降到 1011883 年。

六、中国林业政策影响林业发展的绩效机制

为防止出现"伪回归"问题，进行面板数据回归前，对数据进行平稳性检验。若数据平稳，则可用上述解释变量对就业指标进行回归；反之，则继续对其进行协整检验。根据数据特点，采用两种常用的面板数据单位根检验方法即 IPS 检验和 Fisher 检验对 lnpolicy，lnfguding，lnrenli 进行平稳性检验，检验结果显示，均在 0.01 水平上显著，基本拒绝了有单位根的原假设，这表明模型中所涉及的序列是平衡的，回归模型是有效的。然后对全样本数据进行个体效应的显著性检验，结果显示随机效应模型优于混合 OLS 模型。对 1949—2018 年各省（区、市）的相关数据采用固定效应和随机效应模型进行回归，结果如表 7-1 所示。

表 7-1　中国林业政策影响林业发展的效应回归检验

变量名		混合 OLS 模型		固定效应模型		随机效应模型	
		系数	T	系数	T	系数	T
lnpolicy	政策效力	0.081 ***	4.46	0.076 ***	9.74	0.076 ***	9.76
lnfguding	物质资本	0.003	0.54	0.002	1.16	0.002	1.39
lnrenli	人力资本	0.091 ***	12.59	0.081 ***	29.03	0.083 ***	33.60
_cons	常数项	0.374 **	2.71	0.536 ***	9.30	0.505 ***	9.11
R-squared		0.92		0.90		0.90	
观察样本量		271		271		271	
F value | Wald value				94.46		2181.98	
显著性水平				0.000		0.000	

注：* $P<0.10$，** $P<0.05$，*** $P<0.01$。

由表 7-1 可知，固定效应模型和随机效应模型参数整体都非常显著，但 Hausman 检验结果（chi2＝3.67）未能拒绝原假设（随机效应），即随机效应模型优于固定效应模型。因此，本部分采用随机效应模型进行回归，结果如表 7-1 所示。模型参数联合检验的 Wald 统计量和相应的 P 值分别为 2181.98 和 0.000，表明参数整体上相当显著，且模型的拟合优度 R^2 为 0.90。政策效

力和人力资本均在 0.01 水平下显著，其产出弹性分别为 0.076、0.083，物质资本不显著。政策效力的产出弹性为 0.076，这代表在保持林业物质资本投资和人力资本投资等因素不变的条件下，政策效力每提高 1%，林业发展指数将会增长 0.076%。就人力资本而言，人力资本每提高 1%，林业发展指数将会增长 0.083%。

七、中国林业政策影响林业经济增长、社会发展和生态改善的绩效机制

为了考察林业政策效力对林业发展效应中经济、社会和生态的影响以及影响是否存在差异，分别用林业经济指数、林业社会指数、林业生态指数替代林业发展指数，而后同样采用固定效应和随机效应模型进行回归，结果如表 7-2 所示。

表 7-2　中国林业政策影响林业经济、社会和生态效应回归检验

模　型	变　量	经　济	社　会	生　态
混合 ols 模型	政策效力	0.091 **	0.103 ***	−0.012
	物质资本	0.004	−0.016	0.05
	人力资本	0.068 ***	0.134 ***	0.087 ***
	常数项	0.765 ***	−0.389	0.698
	R-squared	0.79	0.93	0.39
	观察样本量	271	271	271
	F value|Wald value			
	显著性水平			
固定效应模型	政策效力	0.093 ***	0.047 ***	0.104 ***
	物质资本	0.002	0.002	0.001
	人力资本	0.059 ***	0.156 ***	0.008
	常数项	0.887 ***	−0.461 ***	1.315 ***
	R-squared	0.84	0.90	0.54
	观察样本量	271	271	271
	F value|Wald value	58.56	99.44	13.13
	显著性水平	0.000	0.000	0.000

（续）

模　型	变　量	经　济	社　会	生　态
随机效应模型	政策效力	0.093 ***	0.049 ***	0.103 ***
	物质资本	0.002	0	0.002
	人力资本	0.061 ***	0.149 ***	0.012 **
	常数项	0.860 ***	−0.366 ***	1.260 ***
	R-squared	0.84	0.90	0.54
	观察样本量	271	271	271
	F value｜Wald value	1279.49	2219.00	255.88
	显著性水平	0.000	0.000	0.000

从表 7-2 中可以看出，对 1949—2018 年的全部样本进行回归的混合 OLS、固定效应和随机效应的检验结果表明，模型检验整体上相当显著。经济效应的 Hausman 检验结果（chi2＝1.65）和社会效应的 Hausman 检验结果（chi2＝12.51）均未能拒绝原假设（随机效应），即随机效应模型优于固定效应模型；生态效应的 Hausman 检验结果（chi2＝140.11）拒绝原假设（随机效应），即固定效应模型优于随机效应模型。林业政策效力对经济、社会和生态均有显著影响，从系数大小来看，经济效应的随机效应模型、社会效应的随机效应模型和生态效应的固定效应模型的弹性系数分别为 0.093、0.047、0.104。这说明，政策效力每增加 1％，在其他投入要素不变的情况下，林业经济、社会和生态指数将会增长 0.093％、0.047％、0.104％。

林业经济指数即前文中的林业产业总产值指数，用来衡量林业经济增长和林业产业发展。林业社会指数由农民人均纯林业收入和林业系统就业人数指数以 5∶5 加权得到，用来衡量减贫与就业，即林农收入增长与福利改善、林区与山区贫困缓解与脱贫。林业生态指数即前文中的森林蓄积量指数，用来衡量森林生态保护与生态安全，生态环境改善。

全国平均林业经济指数一直稳步上升。其中，除天津、新疆、西藏等少数地区外，多数省(区、市)在 1958—1977 年这一阶段林业经济指数提升得很快，可能的原因是：林业建设受到"大跃进"和"人民公社化"的冲击，各地大炼钢铁，大办公共食堂，大量的天然林甚至原始林遭到掠夺式砍伐，加之木材生产中的高指标，造成集中过量采伐和三年困难时期的毁林开荒。这一点也在 1958—1977 年这一阶段林业生态指数的数据趋势中得到印证，这一阶段林业生态指数基本处于停滞状态,甚至出现下降。林业社会指数在此阶段也较为稳定,原因是虽然木材在这一阶段大量生产,但农民的林业收入并未得到改善。

全国平均林业社会指数在 1949—1957 年和 1978—2008 年这两段时期急剧上升。可能的原因是:新中国成立初期,木材是重要的经济资源,与钢材、水泥合称“三大材”。林业的首要任务是生产木材,林业是国民经济名副其实的基础产业。改革开放以后,木材生产和生态建设开始并重,一方面继续大量生产木材,另一方面加强了对森林资源的保护。这一点也在林业生态指数的发展趋势中得到印证,1949—1957 年林业生态指数只有缓慢而轻微的增长,1978—2008 年林业生态指数急剧增长,特别是 1990 年之后,林业生态指数增长十分迅速。1990 年以来,中国是森林面积增加最多的国家 (World Bank Group,2016)。

八、中国林业政策影响林业发展绩效的空间演化特征分析

1949—2018 年,中国林业政策经历了政策理念上由“木材生产为中心”到“木材生产和生态建设并重”再到“生态建设优先”的转变;政策过程经历了由“政府单一主导”向“社会广泛参与”的变化;政策形式也逐渐向“法制化”过渡的发展历程。因此,要对中国林业政策的综合发展效益进行时空分析,了解其在时间空间上的变化,就不能脱离林业政策与制度的变迁轨迹。沿用潘丹等人 (2019) 对中国林业政策发展历程四个阶段的划分,分阶段按照不同省(区、市)分别用林业政策效力对林业发展指数做回归,得到的不同省(区、市)分阶段产出弹性,即为林业政策的林业发展效应。表 7-3 列出部分省(区、市)的分阶段产出弹性,可以看出,产出弹性在不同阶段不同省(区、市)存在着差异,比如起始时期(1949—1957 年)上海的产出弹性比北京的产出弹性大,而天津的为负数;与其他阶段不同的是挫折时期(1958—1977 年)多数省(区、市)的产出弹性为负数。

表 7-3　部分省(区、市)分阶段产出弹性

省　份	北　京	天　津	内蒙古	吉　林	黑龙江	上　海
起始时期 (1949—1957)	0.108632	−0.01954	0.226497	0.148664	0.233942	0.393178
挫折时期 (1958—1977)	0.091701	0.068412	−0.04828	−0.03248	−0.08214	−0.12233

（续）

省　份	北　京	天　津	内蒙古	吉　林	黑龙江	上　海
徘徊时期 （1978—2008）	0.06419	0.059262	0.019065	0.03256	0.021374	0.030358
加强时期 （2009—2018）	−0.04772	0.129539	0.004784	−0.00369	0.017282	0.010924

1. 全局空间自相关分析

表 7-4 报告了中国林业发展效应的全局空间自相关检验结果。由表可知，1949—1957 年,中国林业发展效应的 Global Moran's I 值较小,空间自相关性较弱,集聚程度较弱。1958—1977 年,中国林业发展效应的 Global Moran's I 值为 0.1778,通过了 5% 显著性水平检验,说明此阶段中国林业发展效应具有较强的空间正相关关系,表现出较强的集聚趋势。1978—2008 年,中国林业发展效应的 Global Moran's I 值为 0.3612,通过了 1% 显著性水平检验,说明此阶段中国林业发展效应具有极强的空间正相关关系,表现出极强的集聚趋势。2009—2018 年,中国林业发展效应的 Global Moran's I 值为 −0.2472,为负数,说明此阶段中国林业发展效应具有较强的空间负相关关系,空间差异较大。

从时间变动来看，1949—2018 年中国林业发展效应的集聚态势呈现先上升后下降的态势。1978—2008 年中国林业发展效应的 Global Moran's I 值达到最大，集聚态势达到最强，之后 2009—2018 年中国林业发展效应的 Global Moran's I 值变为负数，呈现出空间差异。

表 7-4　分阶段 Global Moran's I

年　份	Moran's I	Z	P
1949—1957	0.0135	0.408	0.328
1958—1977	0.1778	1.982	0.034
1978—2008	0.3612	3.517	0.003
2009—2018	−0.2472	−2.1188	0.015

2. 中国林业政策综合绩效的空间格局及特征分析

Global Moran's I 值只是从整体上显示出中国林业发展效应存在的空间相关性，为分析不同地区的具体情况，以四个阶段的中国林业发展效应为变量进行集聚性冷热点分析，并进行可视化表达，运用自然断裂点方法（National breaks jenks）将全国四个阶段的林业发展效应划分为五种类别。数据显示：1949—1957 年（图 7-5），林业发展效应平均值为 0.103323，政策效力每提高 1%，全国林业发展指数将会增长 0.103323。其中，上海市的林业发展效应高，青海、甘肃、内蒙古、黑龙江、河南和江苏 6 省（区）林业发展效应较高；从空间格局看，林业发展效应较高的区域主要集中在北方，以片状分布。1958—1977 年（图 7-6），林业发展效应平均值为 −0.025734，政策效力每提高 1%，全国林业发展指数将会下降 0.025734，原因是此阶段林业发展处于挫折时期。其中，北京市和天津市的林业发展效应高，四川、重庆和浙江 3 省林业发展效应较高；从空间格局看，林业发展效应较高的区域以点状分布，未形成连片或带状集聚特征。1978—2008 年（图 7-7），林业发展效应平均值为 0.027170。其中，北京市、天津市和西藏自治区的林业发展效应高，新疆、青海、吉林、辽宁、安徽和上海 6 省（区、市）林业发展效应较高；从空间格局看，林业发展效应较高的区域主要集中在西部和东北，呈团装分布。2009—2018 年（图 7-8），林业发展效应平均值为 0.010485。其中，天津市的林业发展效应高，青海、四川、重庆、贵州、湖北和河北 6 省（区、市）的林业发展效应较高；从空间格局看，林业发展效应较高的区域主要集中在中部，呈条带状分布。

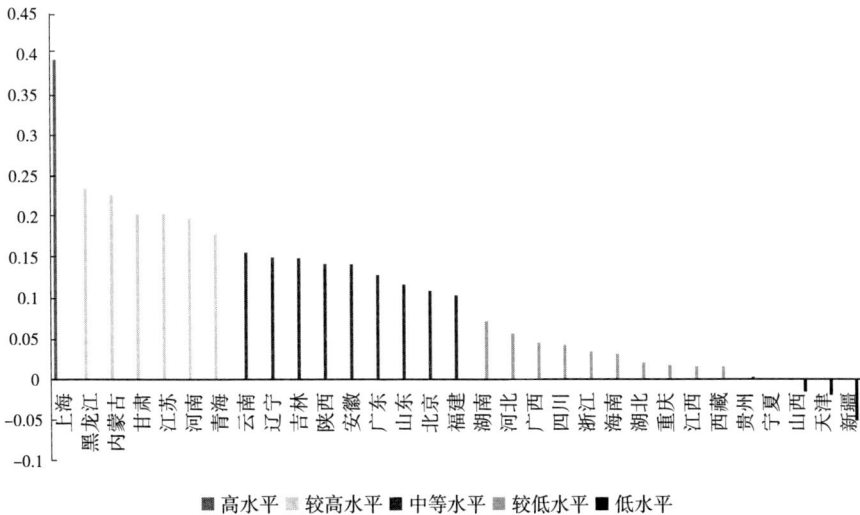

图 7-5　1949—1957 年中国林业发展效应

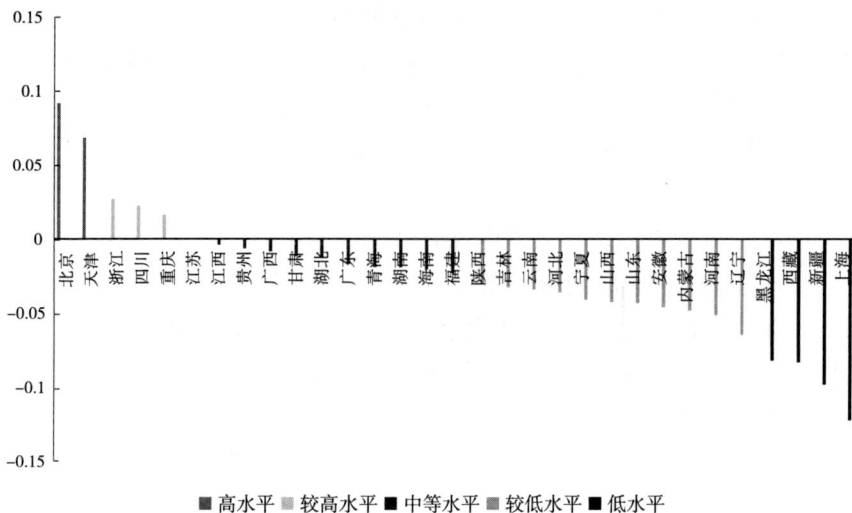

图 7-6　1958—1977 年中国林业发展效应

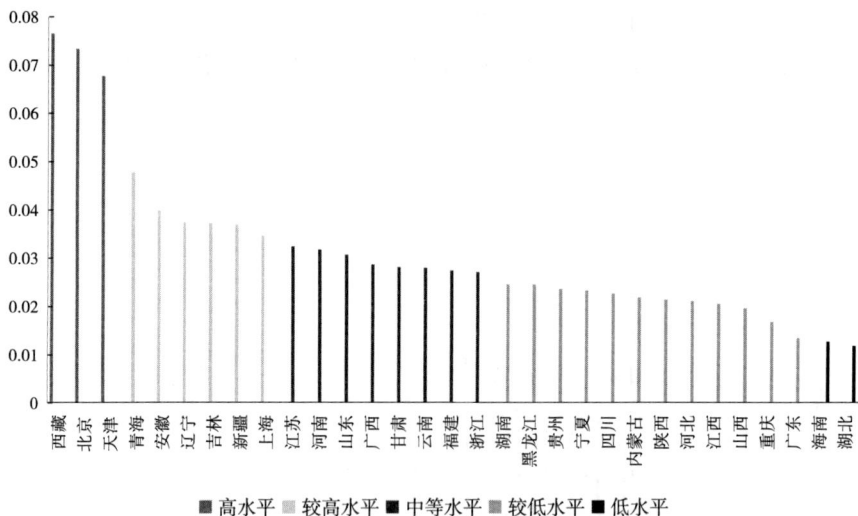

图 7-7　1978—2008 年中国林业发展效应

可以看出中国林业政策综合绩效的空间分布格局呈现如下特征：一是林业发展效应区域差异明显，区域林业发展效应不均衡现象突出。就 2009—2018 年数据结果来看，林业发展水平效应为高的有 1 个，较高的有 6 个，中等的有 12 个，较低的有 10 个，低的有 2 个，表明中国林业发展效应存在一定的区域

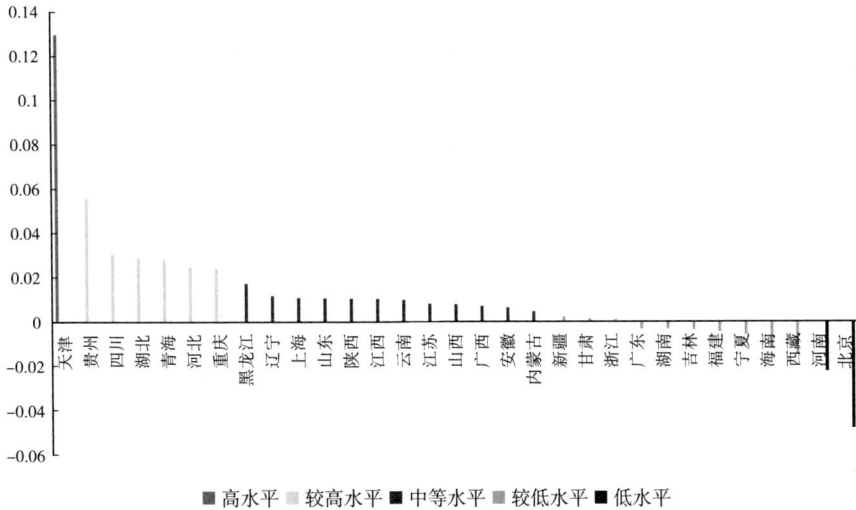

图 7-8 2009—2018 年中国林业发展效应

差异。二是中低林业发展水平区占主体。四个阶段中，中低林业发展效应的地区占所有地区比重分别为 45.5％、45.5％、45.2％和 38.7％，表明中低发展效应区在中国林业发展中仍占比较大比例。三是林业发展效应较高的区域大体呈现从北往西转移，再往中部转移的特征。

九、中国林业政策综合绩效的空间集聚特征分析

以四个阶段林业发展效应数据作为研究区域冷热点分析的依据，绘制四个阶段中国林业发展效应的空间集聚变化。1949—1957 年（图 7-9），林业发展效应热点区域为辽宁和天津，次热点区域为河北，次冷点区域为广西和广东，冷点区域为湖南和重庆。1958—1977 年（图 7-10），林业发展效应热点区域为湖北，次热点区域为湖南和广东，次冷点区域为新疆，冷点区域为西藏。1978—2008 年（图 7-11），林业发展效应热点区域为新疆、西藏和辽宁，次热点区域为内蒙古、青海和北京，次冷点区域为广西、广东、贵州和湖南，冷点区域为重庆、江西、福建、浙江和海南。2009—2018 年（图 7-12），林业发展效应热点区域为辽宁。进一步可以看出，全国热点区域的整体范围呈现出先增加后减少的态势，总体呈现由东向西转变。可能的原因是：1949 年后，东三省人民积极保护和经营森林、大力进行封山育林和植树造林，努力恢复新中国

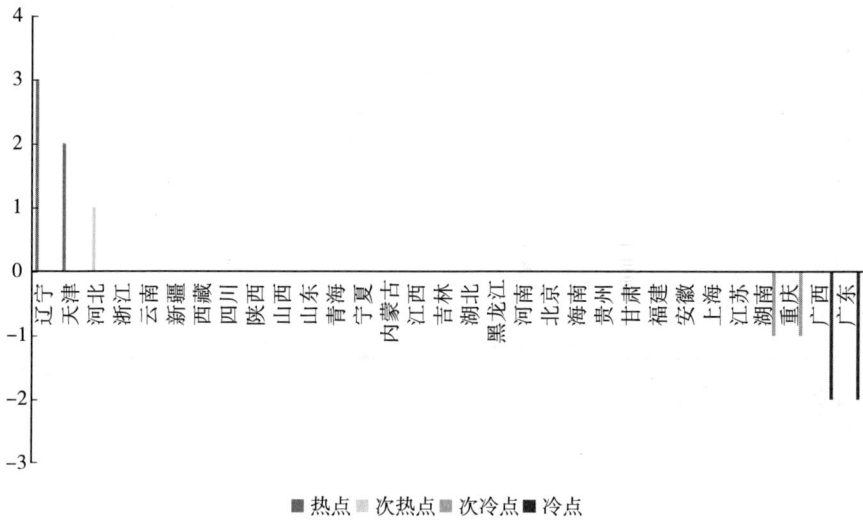

图 7-9　1949—1957 年中国林业政策发展效应的空间集聚变化

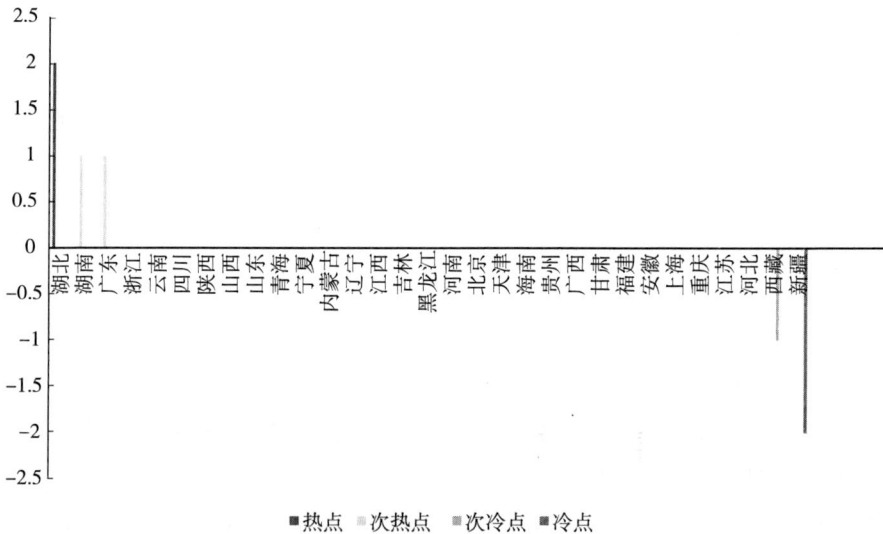

图 7-10　1958—1977 年中国林业政策发展效应的空间集聚变化

成立前掠夺式的采伐遭到了严重破坏的森林资源，在朝阳、锦州、阜新、抚顺、铁岭、辽阳、大连等地区营造大量人工林。此时热点区域集聚在东北。之后到 1979 年，国家决定在西北、华北、东北风沙危害、水土流失严重的地区，建设大型防护林工程，即带、片、网相结合的"绿色万里长城"。规划范围包括新疆、青海、宁夏、内蒙古、甘肃中北部、陕西、晋北坝上地区和东北三省

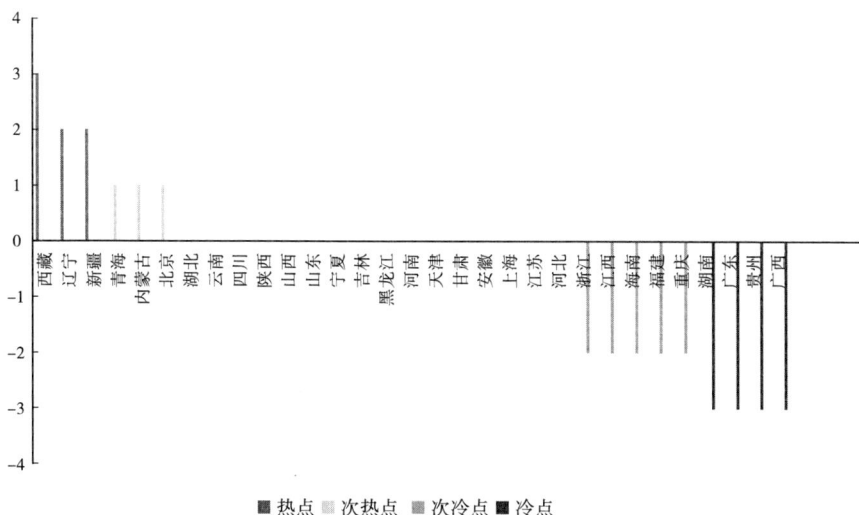

图 7-11　1978—2008 年中国林业政策发展效应的空间集聚变化

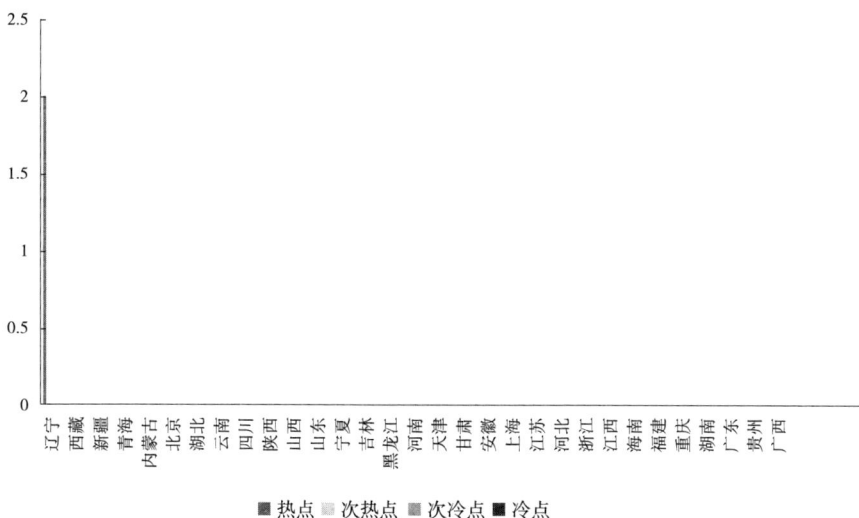

图 7-12　2009—2018 年中国林业政策发展效应的空间集聚变化

的西部共 324 个县（旗），农村人口 4400 万，总面积 39 亿亩（国家林业局，2008；国家林业局西北华北东北防护林建设局，1993）。根据 2008 年的第七次全国森林资源清查数据，10 年间西部地区的森林覆盖率提高了 6.73 个百分点，森林蓄积量增加了近 13 亿立方米。2009—2018 年，中国林业没有区域性的重大工程项目，所以各省之间虽有差异，但集聚效应不显著。

十、主要结论和政策启示

第一，1949 年以来，中国林业政策在推进林业经济增长、林区社会发展以及生态保护与改善等方面具有显著的促进作用，在不同的历史时期和林业发展阶段，林业政策的变迁和发展有力地促进了中国林业的整体发展，政策的正面绩效十分显著。

第二，由于地理区域、经济社会发展水平以及林业资源禀赋等条件的差异，中国林业政策绩效在各地区之间也存在比较明显的空间差异性特征。具体而言，1949—1957 年期间，中国林业政策绩效时空间差异性特征开始显现，但空间关联性较弱，1958—1977 年期间，中国林业政策绩效出现空间上的关联性，1978—2008 年期间，中国林业政策绩效空间差异性特征十分显著，且存在着空间集聚现象，2009—2018 年期间，政策绩效空间集聚现象基本消失，绩效的空间差异性再度出现。为此，新时代中国林业政策的改革创新，必须充分考虑政策绩效空间差异性特征。

第三，中国林业发展的主要驱动力是人力资本驱动和林业政策驱动，两个驱动因素均是正向地作用于中国林业发展。中国林业政策由"木材生产为中心"到"木材生产和生态建设并重"再到"生态建设优先"的变迁进程，深刻地影响着中国林业政策绩效方向和政策绩效规模。因此，在工业化和城镇化的时代背景下，中国林业劳动力数量呈现快速减少的发展趋势，依靠人力资本的增长促进中国林业发展的模式不可避免地难以为继，必须依靠政策创新的力量推动新时代中国林业高质量发展。

第四，中国重大林业生态建设工程及其政策的实施有力地推动和提升了中国生态安全战略的实施及其战略绩效，也加快了中国林业生态建设新战略的形成和发展。"三北"防护林工程、天然林保护工程、退耕还林工程以及其他各类林业生态建设工程政策的实施，对中国生态安全、林业生产力和社会发展的空间格局变化产生了深刻的影响，直接提升了工程区域的农牧业生产保障水平，有效控制了长期肆虐北方的沙尘暴频发的局面，改善了空间关联地区的环境质量和人民生活质量，缓解了北方沙漠化的危局，促进了区域经济发展和农村人口的脱贫致富，较好地实现了生态治理与改善民生的协同发展，比较好地实现了林业生态工程政策的生态、经济和社会绩效的有机统一。

参 考 文 献

本刊编辑，2012. 林业贴息贷款大事记 [J]. 中国林业产业（09）.

曹兰芳，王立群，曾玉林，2016. 林改配套政策对异质性农户林业生产投入行为影响研究——以湖南省为例 [J]. 经济体制改革（02）.

陈玲芳，2011. 林业投融资制度演进的动因分析 [J]. 长沙铁道学院学报（社会科学版）（01）.

陈幸良，吴海龙，袁嵩松，2010. 集体林权改革成效评价与林农政策意愿分析——基于福建邵武的实例研究 [J]. 经济研究导刊（34）.

陈永富，陈幸良，陈巧，2011. 新集体林权制度改革对森林资源影响研究 [J]. 科技创新导报（07）.

崔海兴，温铁军，郑风田，孔祥智，毛慧，2009. 改革开放以来我国林业建设政策演变探析 [J]. 林业经济（02）.

崔涛，2013. 免渡河林业局天保工程区森林资源评价 [J]. 内蒙古林业调查设计（01）.

弹汰，2018. 留住记忆，启创今朝——纪念改革开放 40 周年暨中国林业产业 40 个关键词 [J]. 中国林业产业（Z2）.

邓阳锋，2013. 浏阳市集体林权制度改革及效果评价研究 [D]. 长沙：湖南大学.

付纪建，李玉才，许志春，王立权，刘文峰，2011. 浅析森林经营方案编制的技术方法 [J]. 内蒙古林业调查设计（05）.

付梦冉，2018. 中国林业生态经济发展的公共政策因素分析 [D]. 合肥：安徽大学.

傅一敏，刘金龙，赵佳程，2018. 林业政策研究的发展及理论框架综述 [J]. 资源科学（06）.

郭斌，陈本文，2019. 我国西部地区新一轮集体林权改革的绩效评价及制度完善研究——基于重庆市数据分析的展开 [J]. 改革与战略（03）.

郭相忠，2007. 关于完善我国农村土地制度问题的思考 [D]. 济南：山东大学.

国家林业局，1999. 中国林业 50 年：1949～1999 [M]. 北京：中国林业出版社.

韩锋，2015. 林下经济发展及对林农影响研究 [D]. 北京：北京林业大学.

何继新，2009. 吉林省国有林区公共产品政府供给研究 [D]. 北京：北京林业大学.

贺东航，朱冬亮，2008. 新集体林权制度改革对村级民主发展的影响——兼论新集体林改中的群体决策失误 [J]. 当代世界与社会主义（06）.

胡鞍钢，沈若萌，2014. 生态文明建设先行者：中国森林建设之路（1949—2013）［J］. 清华大学学报（哲学社会科学版）（04）.

胡长清，蒲少华，向延建，等，2008. 关于集体林产权制度改革的若干思考——对湖南郴州的调查与分析［J］. 林业经济（09）.

胡运宏，贺俊杰，2012.1949 年以来我国林业政策演变初探［J］. 北京林业大学学报（社会科学版）（03）.

黄萃，任弢，张剑，2015. 政策文献量化研究：公共政策研究的新方向［J］. 公共管理学报（02）.

吉登艳，石晓平，仇童伟，等，2016. 林地产权对农户林业经营性收入的影响——以江西省两个县（市）为例［J］. 资源科学（08）.

柯水发，温亚利 .2004. 中国林业产权制度变迁过程、动因及利益分析［J］. 绿色中国（20）.

孔凡斌，2004. 论南方林区森林生态保护与森林资源产权管理模式［J］. 林业资源管理（02）.

孔凡斌，2004. 中国社会林业政策法律体系研究［M］. 北京：中国林业出版社.

孔凡斌，2008. 集体林业产权制度：变迁、绩效与改革探索 . 北京：中国环境科学出版社 .

孔凡斌，2008. 我国林业投资的机制转变和规模结构分析［J］. 农业经济问题（09）.

孔凡斌，杜丽，2009. 新时期集体林权制度改革政策进程与综合绩效评价——基于福建、江西、浙江和辽宁四省的改革实践［J］. 农业技术经济（06）.

李华峰，张宝芝，王建明，2008. 合水林业总场天然林资源保护工程成效评价［J］. 农业科技与信息（22）.

李剑泉，田康，陈绍志，2014. 英国林业法规政策体系及启示［J］. 世界林业研究（02）.

李江，刘源浩，黄萃，苏竣，2015. 用文献计量研究重塑政策文本数据分析——政策文献计量的起源、迁移与方法创新［J］. 公共管理学报（02）.

李利权，2006. 改革与完善我国林业投融资体制对策研究［D］. 哈尔滨：东北林业大学.

李树生，韩春明，2005. 西部林业投资状况分析——1994 至 2003 年西部林业固定资产投资分析［J］. 首都经济贸易大学学报（04）.

李彦良，2013. 政府林业投资结构的变动对森林资源影响的研究［D］. 保定：河北农业大学.

李怡，高岚，2012. 集体林权制度改革之广东实践的效率评价——基于"结构—行为—绩效"的分析框架［J］. 农业经济问题（05）.

李月梅，2012. 中国林业可持续发展的公共财政政策研究［D］. 北京：北京林业大学.

梁丽芳，2008. 森林生态服务投资激励机制研究［D］. 北京：北京林业大学.

刘炳薪，文彩云，温亚利，等，2019. 农户家庭收支视角的我国集体林权制度改革成效实证分析——基于 2010—2015 年 7 省林改监测面板数据［J］. 世界林业研究（02）.

刘东生，2009. 中国林业六十年历史映照未来［J］. 绿色中国（19）.

刘家顺，2006. 中国林业产业政策研究［D］. 哈尔滨：东北林业大学.

刘克勇，2005. 中国林业财政政策研究［D］. 哈尔滨：东北林业大学.

刘伦武，刘伟平，2004. 试论林业政策绩效评价［J］. 林业经济问题（06）.

吕晓，牛善栋，黄贤金，等，2015. 基于内容分析法的中国节约集约用地政策演进分析
　　［J］. 中国土地科学（09）.

马爱国，2003. 我国的林业政策过程：由单主体政策过程向多方体政策过程的转变［M］.
　　北京：中国林业出版社.

马莉军，2015. 浅谈小陇山山门林场天保工程建设森林经营成效评价［J］. 农业科技与信息
　　（03）.

马宗亚，2005. 公共财政体制下天然林保护工程资金投入政策研究［D］. 保定：河北农业
　　大学.

梅青，2012. 我国林业贴息贷款工作　不断取得新突破［J］. 中国绿色时报（002）.

芈凌云，杨洁，2017. 中国居民生活节能引导政策的效力与效果评估——基于中国 1996—
　　2015 年政策文本的量化分析［J］. 资源科学（04）.

牛善栋，吕晓，赵雯泰，2017. 我国征地制度演进的政策文献量化分析［J］. 中国农业大学
　　学报（社会科学版）（04）.

潘丹，陈寰，孔凡斌，2019.1949 年以来中国林业政策的演进特征及其规律研究——基于
　　283 个涉林规范性文件文本的量化分析［J］，中国农村经济（07）.

彭纪生，仲为国，孙文祥，2008. 政策测量、政策协同演变与经济绩效：基于创新政策的
　　实证研究［J］. 管理世界（09）.

乔厦，2010. 中国木材加工产业区域竞争力及发展对策的研究［D］. 北京：北京林业大学.

荣庆娇，姚顺波，刘浩，2015. 集体林主体改革及配套改革对农民收入及其结构的影响测
　　度与分析［J］. 农村经济（01）.

盛见，2018. 林业产业调控政策的经济效应问题研究：1949—2015［J］. 林业经济（12）.

OECD，Paris（France）eng，1996：环境管理中的经济手段［M］. 北京：中国环境科学出
　　版社.

施荫森，刘家顺，1995. 林业政策学［D］. 哈尔滨：东北林业大学出版社.

世界银行环境局、K·哈密尔顿，J·迪克逊、话剑、A·昆特著、张庆丰、张世秋、晋升
　　琛，1998. 里约后五年：环境政策的创新［M］. 北京：中国环境科学出版社.

苏春雨，2019. 践行生态文明思想 推动新时代林业高质量发展［J］. 中国生态文明（6）.

苏明，杨良初，石英华，陈少强，梁强，2014. 我国林业发展的财政支持政策研究［J］. 林
　　业经济（08）.

孙平，2006. 林业重点工程应用绩效审计探析 [J]. 中国林业经济（04）.

佟玉焕，黄映晖，2019. 中国集体林改绩效评价 [J]. 北京农学院学报（02）.

王春阳，2006. 黑龙江省林区经济可持续发展对策研究 [D]. 哈尔滨：哈尔滨工程大学.

王慈民，2012. 河南省天然林资源保护工程建设成效评价 [J]. 华东森林经理（03）.

王红英，李智勇，曹建华，2003. 中外林业政策之比较研究 [J]. 江西农业大学学报（01）.

王健，2010. 国有林业扶持性政策问题研究 [D]. 哈尔滨：东北林业大学.

王健，王玉芳，2010. 国有林业可持续发展的扶持政策 [J]. 中国林业经济（02）.

王良桂，董微熙，沈文星，2010. 集体林权制度改革绩效分析 [J]. 南京林业大学学报（自
然科学版）（05）.

王明天，张海鹏，2017. 改革开放以来我国农村林业政策变化过程及取向分析 [J]. 世界林
业研究（01）.

王心同，2008. 中国林业发展的经济政策研究 [D]. 北京：北京林业大学.

王迎，2013. 我国重点国有林区森林经营与森林资源管理体制改革研究 [D]. 北京：北京
林业大学.

王雨婷，2015. 林业资源型城市转型期政府经济职能研究 [D]. 哈尔滨：黑龙江大学.

吴水荣，刘璨，李育明，2002. 天然林保护工程环境与社会经济评价 [J]. 林业经济（11）.

徐济德，2014. 我国第八次森林资源清查结果及分析 [J]. 林业经济（03）.

徐晋涛，孙妍，姜雪梅，等，2008. 我国集体林区林权制度改革模式和绩效分析 [J]. 林业
经济（09）.

徐秀英，吴伟光，2004. 南方集体林地产权制度的历史变迁 [J]. 世界林业研究（03）.

许阳，2017. 中国海洋环境治理的政策工具选择与应用——基于 1982—2016 年政策文本的
量化分析 [J]. 太平洋学报（10）.

叶剑利，2007. 我国林业产权制度变迁的动因及其改革对策 [J]. 科技创业月刊（06）.

叶永钢，2005. 建立林业重点工程投资绩效管理与评价体系的思考 [J]. 绿色财会（02）.

张爱美，2008. 吉林省林业产业发展及产业结构调整研究 [D]. 北京：北京林业大学.

张春霞，1996. 闽西社会林业发展研究 [D]. 北京：中国林业出版社.

张国兴，高秀林，汪应洛，等，2014. 中国节能减排政策的测量、协同与演变——基于
1978—2013 年政策数据的研究 [J]. 中国人口·资源与环境（12）.

张红宵，2007. 我国集体林权制度改革背景及动因分析—基于福建省村级案例研究 [J].
南京林业大学学报（人文社会科学版）（04）.

张建龙，2018. 改革开放四十年　林业和草原建设回顾与展望 [J]. 国土绿化（12）.

张坤民，温宗国，彭立颖，2007. 当代中国的环境政策：形成、特点与评价 [J]. 中国人
口·资源与环境（02）.

张蕾，文彩云，2008. 集体林权制度改革对农户生计的影响——基于江西、福建、辽宁和

云南 4 省的实证研究 [J]. 林业科学 (07).

张伟，2012. 国有林地流转制度研究 [D]. 哈尔滨：东北农业大学.

张兴国，2018. 我国林业利用外资形成多元格局 [J]. 中国外资 (23).

张英，陈绍志，2015. 产权改革与资源管护——基于森林灾害的分析 [J]. 中国农村经济 (10).

张英，宋维明，2012. 林权制度改革对集体林区森林资源的影响研究 [J]. 农业技术经济 (04).

张瑜，2009. 资本市场与林业产业发展关系研究 [D]. 北京：北京林业大学.

赵德缙，彭学林，陈世虎，2004. 实施天保工程封山育林效益评价 [J]. 防护林科技 (S1).

赵焜，2013. 黑龙江省森林碳汇经济可持续发展问题研究 [D]. 哈尔滨：东北农业大学.

赵茂，杨洋，王见，2018. 集体林权制度改革对农户收入影响的实证研究 [J]. 经济与管理研究 (02).

图书在版编目（CIP）数据

70年来中国林业政策变迁与政策绩效评价：1949—2019年/孔凡斌，潘丹著．—北京：中国农业出版社，2020.7

ISBN 978-7-109-26947-7

Ⅰ．①7… Ⅱ．①孔…②潘… Ⅲ．①林业政策－研究－中国－1949—2019 Ⅳ．①F326.20

中国版本图书馆CIP数据核字（2020）第100462号

中国农业出版社出版

地址：北京市朝阳区麦子店街18号楼

邮编：100125

责任编辑：闫保荣　　文字编辑：王秀田

版式设计：王　晨　　责任校对：赵　硕

印刷：北京中兴印刷有限公司

版次：2020年7月第1版

印次：2020年7月北京第1次印刷

发行：新华书店北京发行所

开本：700mm×1000mm　1/16

印张：9

字数：160千字

定价：50.00元